M9《マグニチュード》地震に備えよ

南海トラフ・九州・北海道

鎌田浩毅
Kamata Hiroki

PHP新書

はじめに

日本は地震と噴火が絶え間なく起きる国である。世界屈指の「地殻の変動帯」に典型的な現象だが、こうした揺れる国土にたくさんの人が暮らしている。日本列島に住むことは、否応なしに思いもかけない「大地の動き」と関わることになる。

一九九五年一月、阪神・淡路大震災で6400人を超える犠牲者が出た。それをはるかに上回る巨大災害が二〇一一年三月に東北地方の太平洋岸で起きた。この東日本大震災は、実は一千年ぶりの巨大地震とそれにともなう津波によって引き起こされたものである。

そして今後も、この東日本大震災と同じくマグニチュード（M）9の巨大地震が、日本列島で起こる可能性がある。しかも一度だけではない。日本でM9クラスの地震が起こってもおかしくない地域は三つある。特に被害が大きい被災地は、それぞれ、静岡から宮崎までの太平洋沿岸（震源域は南海トラフ）、奄美大島と沖縄の東海岸（震源域は琉球海溝）、北海道の南東岸（震源域は千島海溝と日本海溝）である。

本書では、この三つの超弩級《ちようどきゆう》の巨大地震について取り上げるほか、首都直下地震や房総半島沖地震など、日本人が特に警戒すべき大地震について平易な解説を試みた。

私は地球科学を専門とし火山と地震について五十年近く研究を続けてきた。火山はときおり大爆発を起こす。一九九一年の長崎県・雲仙普賢岳《うんぜんふげんだけ》の噴火では尊い人命が火砕流によって奪われた。また二〇一一年一月には宮崎・鹿児島の県境に位置する霧島火山群の新燃岳《しんもえだけ》が、江戸時代以来三百年ぶりの噴火を開始した。

雲仙普賢岳の噴火と阪神・淡路大震災が契機となり、それまで基礎研究に没頭していた私は、科学の意義と限界について考えるようになった。人間は自然の小さな一部に過ぎず、自然を支配することなど到底できないのだが、そうした見方は世の中で忘れ去られつつある。私の心に、このまま「象牙《ぞうげ》の塔」に閉じこもって研究を続けるだけでよいのだろうか、という疑問が生まれたのである。

人々が自然の本当の姿を知らなければ、災害は一向に減ることはない。一方で、人類は科学という叡智《えいち》を持っている。知恵をしぼれば災害をいくらか減ずることは可能であり、荒ぶる自然と共存することもできる。科学を知らずして、自然と上手に付き合うことはできないだろう。大地の営みに翻弄《ほんろう》されるばかりではないのだ。

このようなことを考えはじめたころ東日本大震災が発生し、行方不明を含め2万人以上の尊い人命が失われた。その後二〇一一年七月に『火山と地震の国に暮らす』（岩波書店）、二

○一二年四月に『次に来る自然災害』（ＰＨＰ新書）を刊行し、各時期での地盤の状況を平易な言葉で解説した。

そして二〇二四年元日には能登半島地震が発生し３００人以上の犠牲者を出した。阪神・淡路大震災以降戦後３番目の地震による大災害で、私は専門家として改めて衝撃を受けた。

東日本大震災をきっかけとして、日本列島は地震と噴火が頻発《ひんぱつ》する変動期に突入した。すなわち、「大地変動の時代」に突入したことについて私は新聞・雑誌・書籍・テレビ・ラジオ・ネットのみならず全国を巡って講演しながら警告を発してきた。地球科学の正しい知識が災害から人々を救うと説く「科学の伝道師」を買って出たのである。

大地の動きを扱う地球科学には、他のサイエンスにはない特有の視点がある。たとえば、四十六億年の歴史と半径６４００キロメートルの巨大な地球をまるごととらえる「長尺《ちょうじゃく》の目」である。こうした尺度で「予測と制御」を行うことで、地球科学者は荒ぶる自然に対して果敢に取り組んできた。

一方、私は地下のエネルギーが人間をはるかに超える力があることに「畏敬《いけい》の念」も抱いている。よって地震と噴火災害から身を守るには、現状を知って「さっさと逃げる」ことしかないのだ。さらにＳＤＧｓ（持続可能な開発目標）を基に自然と共生するにもこの視座が必須であり、まさに地球科学が提供できる「人類の知恵」にほかならない。

実は、自然との上手な付き合い方を人々に伝えるのは、思った以上に難しい。たとえば、阪神・淡路大震災が起きる前には、「関西は関東と違って大地震は来ない」と信じていた人が少なからずいた。

東日本大震災も同様で、地震の後に津波が襲ってくるにもかかわらず、低地に留まっている人が大勢いた。研究者が何十年にもわたって大震災の危険性を説いていたにもかかわらず、である。

また、一九九一年六月三日に雲仙普賢岳が噴火した際には、立ち入り禁止とされた区域内にたくさんの人が入り、高温の火砕流に大勢が巻きこまれた。火山学者の説く危険性が十分に伝わらなかったからである。

一方で、安全であるにもかかわらず風評被害のため、地域全体が経済的に大きなダメージを受ける事態を私は数多く見てきた。正しい判断材料を持たないため、人々が情報に対して過敏に反応してパニック状態に陥る姿もあった。そのどちらも正確な知識さえあれば、未然に防ぐことが可能だったのである。

こうした状況を見て、私は次第に横書きの学術論文だけでなく、縦書きの啓発書を書くよ

図 はじめに. 日本列島を取り巻く4つのプレートと運動方向

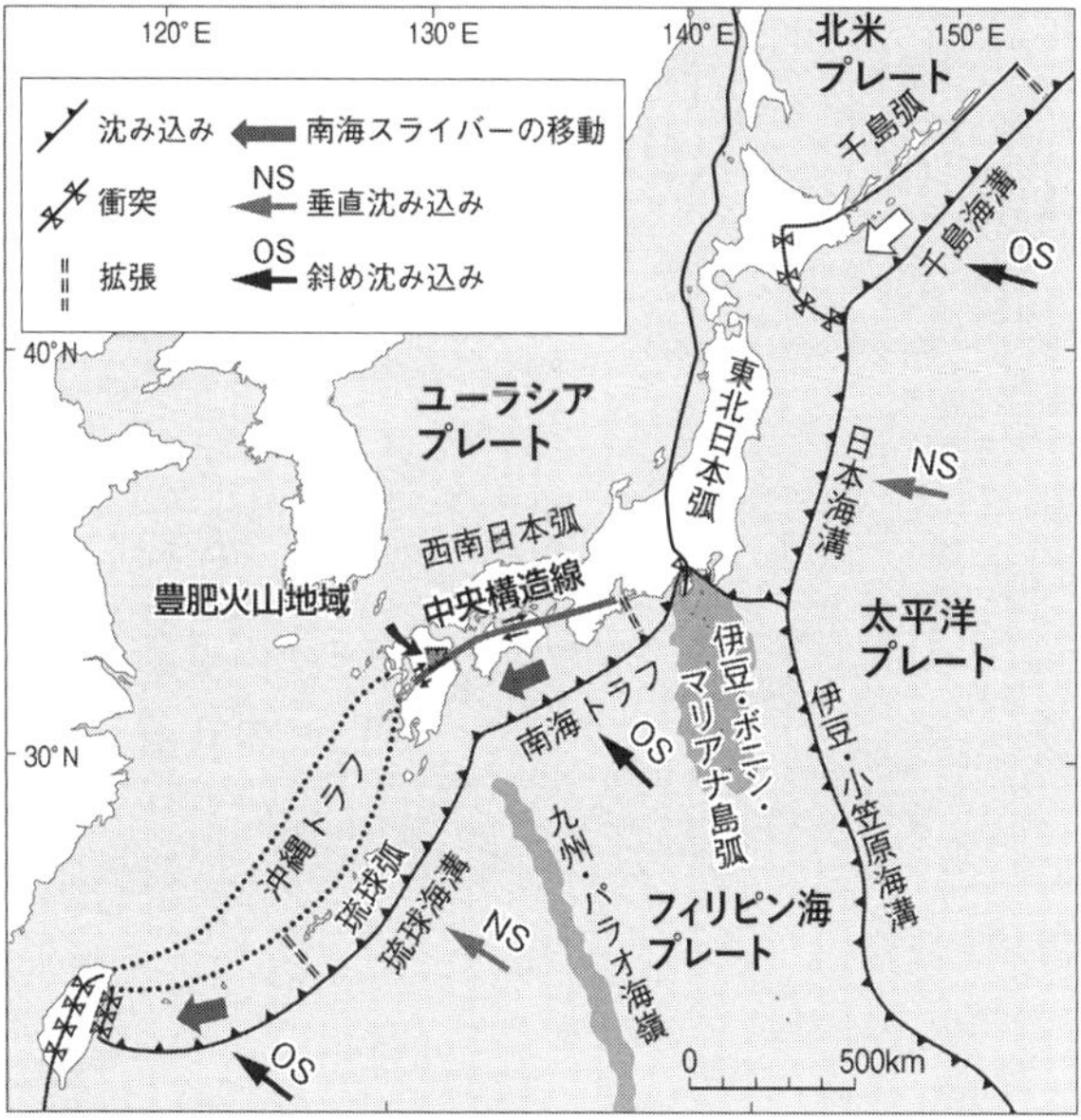

うになった。四半世紀ほど続けてきた基礎研究に加えて、地球科学をわかりやすく伝える仕事が社会貢献として加わったのである。

　本書では「大地変動の時代」に入った日本列島の状況を、最先端の研究成果をもとにわかりやすく解説した。東日本大震災以後も地球の観測事実は日々蓄積されつつある。前著2冊の刊行から十二年が経過する中で次々に明らかとなった不安定な状況を解釈し、近未来の予測を的確に行う提言を各章に盛り込んだ。

　3章構成からなる内容は、第1

章（東日本大震災は終わっていない）、第2章（国家を揺るがす西日本大震災）、第3章（日本海と北日本に迫る危機）である。また節の間には地球科学の理解を助けるコラムを挟み、章末には本書を理解するための読書案内を載せた。

さらに、わかりやすい図版とイメージしやすい写真を数多く入れ、初学者がビジュアルにも理解しやすいように工夫した。

本文でくわしく論じるように、日本列島は四つのプレートがひしめき合う世界でも稀《まれ》な変動地域である（図はじめに）。その中で我が国は南海トラフ巨大地震、首都直下地震、富士山噴火という三つの激甚《げきじん》災害を間近に控えている。

これらに加えて、九州から琉球《りゅうきゅう》・沖縄、また東北から北海道の地域では、前述した通りマグニチュード9クラスの巨大地震の脅威に日々さらされている。よって、各章には我が身を守るため必要な情報を厳選し、地球科学に疎い読者も楽に読めるように徹底的に嚙《か》み砕いて説明した。

本書に記した最新の現状分析を活用し、近未来に必ずやってくる巨大災害から一人でも多くの読者が安全に生き延びる一助にしていただければ幸いである。

鎌田浩毅

M《マグニチュード》9地震に備えよ　南海トラフ・九州・北海道――目次

第2章 国家を揺るがす西日本大震災

第3章

日本海と北日本に迫る危機

第1章

東日本大震災は終わっていない

東日本大震災／2011年3月11日に市街になだれ込む津波　宮城・気仙沼市
（写真提供：朝日新聞社／時事通信フォト）

1-1節

「大地変動の時代」に入った日本列島

近年、日本列島で毎月のように頻発《ひんぱつ》している地震は、二つの大きな歴史的サイクルから生じている。一つは一千年ぶりの日本列島が経験しつつある「大地変動の時代」で、もう一つはほぼ規則正しく太平洋で起きる巨大地震の再来である。

具体的には、二〇一一年に起きた東日本大震災により地殻変動が活動期に入ったことと、約百年おきに襲ってくる南海トラフ巨大地震による地盤の変動である。本章ではまず一千年ぶりにやってきた大変動期について、くわしく述べていこう。

二〇一一年三月一一日午後二時四十六分、東北沖を震源とする地震が立て続けに発生した。宮城県栗原市では最大震度7を記録し、太平洋岸には20メートル級の巨大津波が押し寄せた。この地震は日本の観測史上最大規模であるだけでなく、世界的に見ても一九〇〇年以降歴代4位という超弩級《ちょうどきゅう》の地震だった。すなわち、日本列島では過去一千年に1回起きるかどうかという非常にまれな巨大地震だったのである。

地震の規模を示すマグニチュード（以下ではMと略記する）は9・0に達した。これは二十世紀以降に起きた地震では、一九六〇年のチリ地震（M9・5）、一九六四年のアラスカ地震（M9・2）、二〇〇四年のスマトラ島沖地震（M9・1）に次ぐものであった。

マグニチュードは数字が1違うと放出するエネルギーは32倍異なる。したがって、放出エネルギーで見ると、一九二三年の関東大震災の45倍、また一九九五年の阪神・淡路大震災の1500倍にもなる。

今回の地震は地震情報を管轄する気象庁によって直ちに「二〇一一年東北地方太平洋沖地震」と命名され、地震と津波にともなう激甚災害について政府は「東日本大震災」と呼ぶことを閣議で決定した。なお、マスコミ報道で二つの名称が使われるために混乱している方も少なくないと思うが、自然現象としての「地震」と人が被害に遭う「震災」とで、呼び方を変えるのである。

四つのプレートがひしめき合う日本列島

巨大地震の発生はプレート・テクトニクス理論という地球科学の基本理論で説明される。この地震は「プレート」と呼ばれる厚い岩板《がんばん》が日本列島の下へもぐり込むことによって発生した。太平洋を広く覆う「太平洋プレート」が、東北地方を乗せた「北米プレート」の下へ

図1-1-1. 日本列島を取り囲むプレートの配置と進行速度

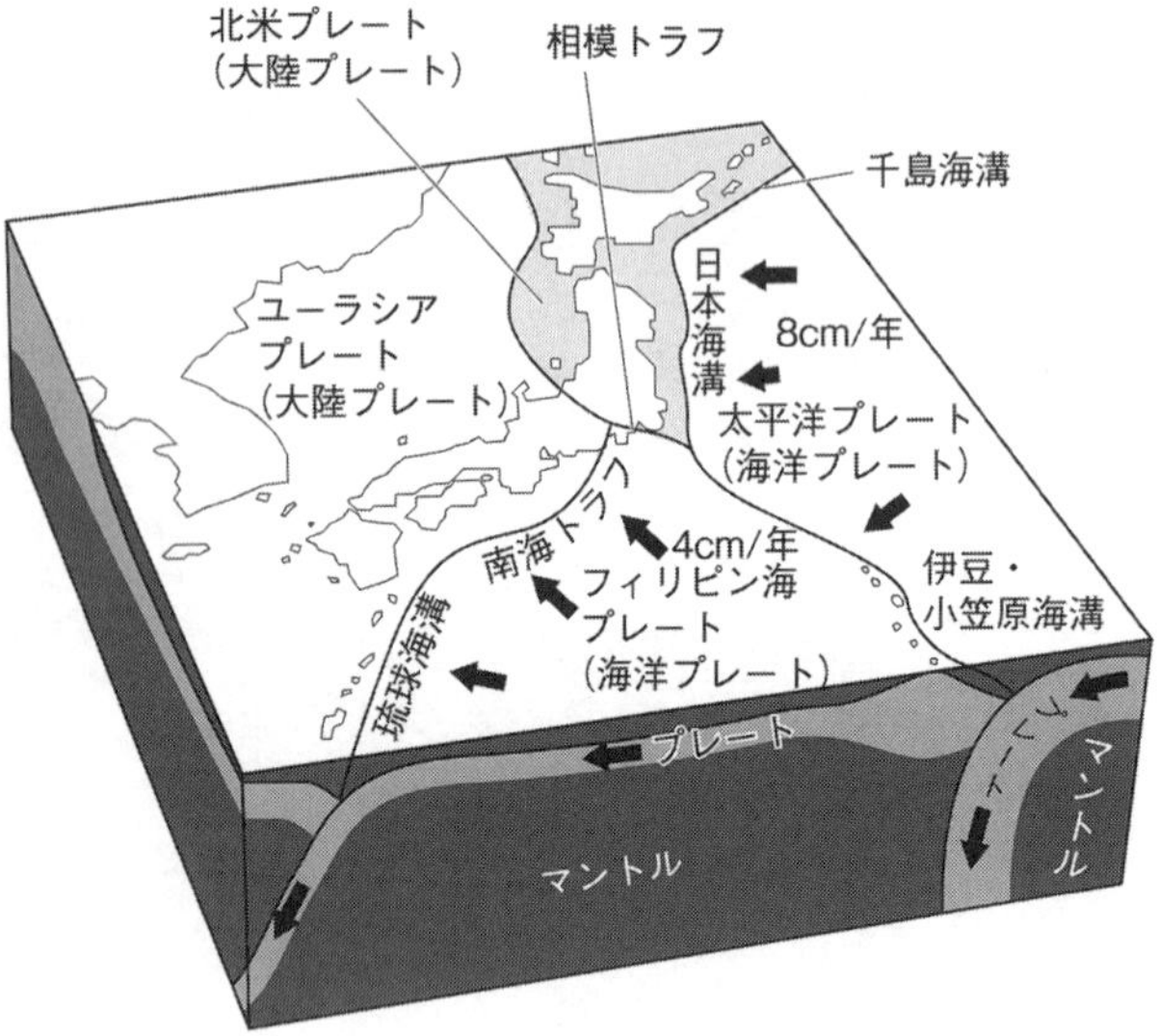

もぐり込んでいる（図1－1－1）。海底が凹《へこ》んだ海溝の下でときどき反発が起き、このときに巨大地震が起こるのである。

　日本列島は世界でも特異な地下構造をもつ地域にあり、4枚の動きつつあるプレートに囲まれている。太平洋側では「海のプレート」である太平洋プレートとフィリピン海プレートが、また日本海側には「陸のプレート」である北米プレートとユーラシアプレートがある。

　海のプレートは陸のプレートの下へ数百キロメートルも沈み込んでおり、その境界には深い溝状の地形が

図1-1-2. 日本列島と日本海および太平洋の断面

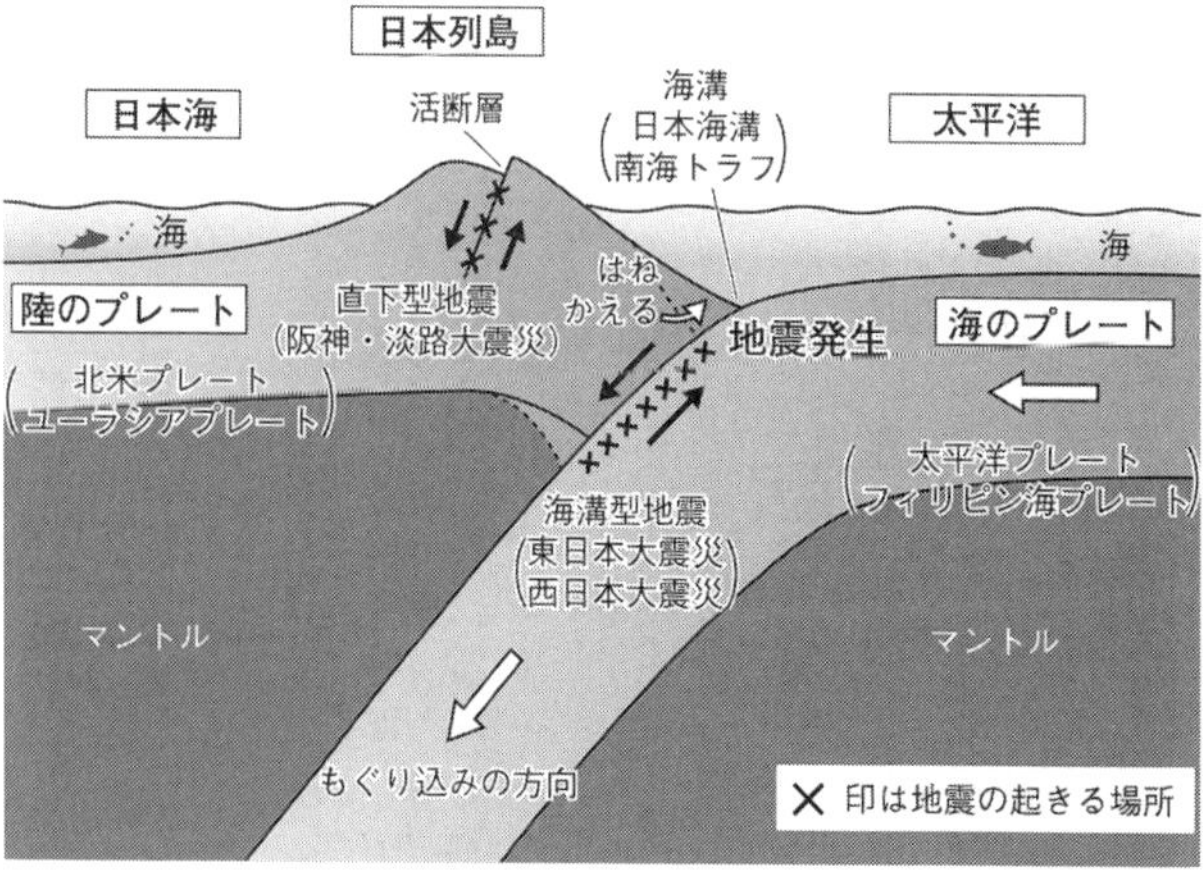

西日本大震災はこれから起こる南海トラフ巨大地震を指す

あり「海溝」または「トラフ」と呼ばれている。具体的には日本海溝と南海トラフがそれに当たる（図1－1－1）。

このようなプレート境界ではしばしば大きな地震が発生し、大津波をともなうこともある。すなわち、地震による揺れと津波という二つの災害を連続して起こすのである。

日本列島で起きる地震は発生場所やメカニズムによって、大きく「海溝型地震」と「内陸地震」（すなわち直下型地震）に分けられる（図1－1－2）。近年、日本各地で頻発しているのは内陸地震で、地表から20キロメートル以浅で起きる。その原因は二つある。

図1-1-3. 2011年の東日本大震災前後のプレートの動き

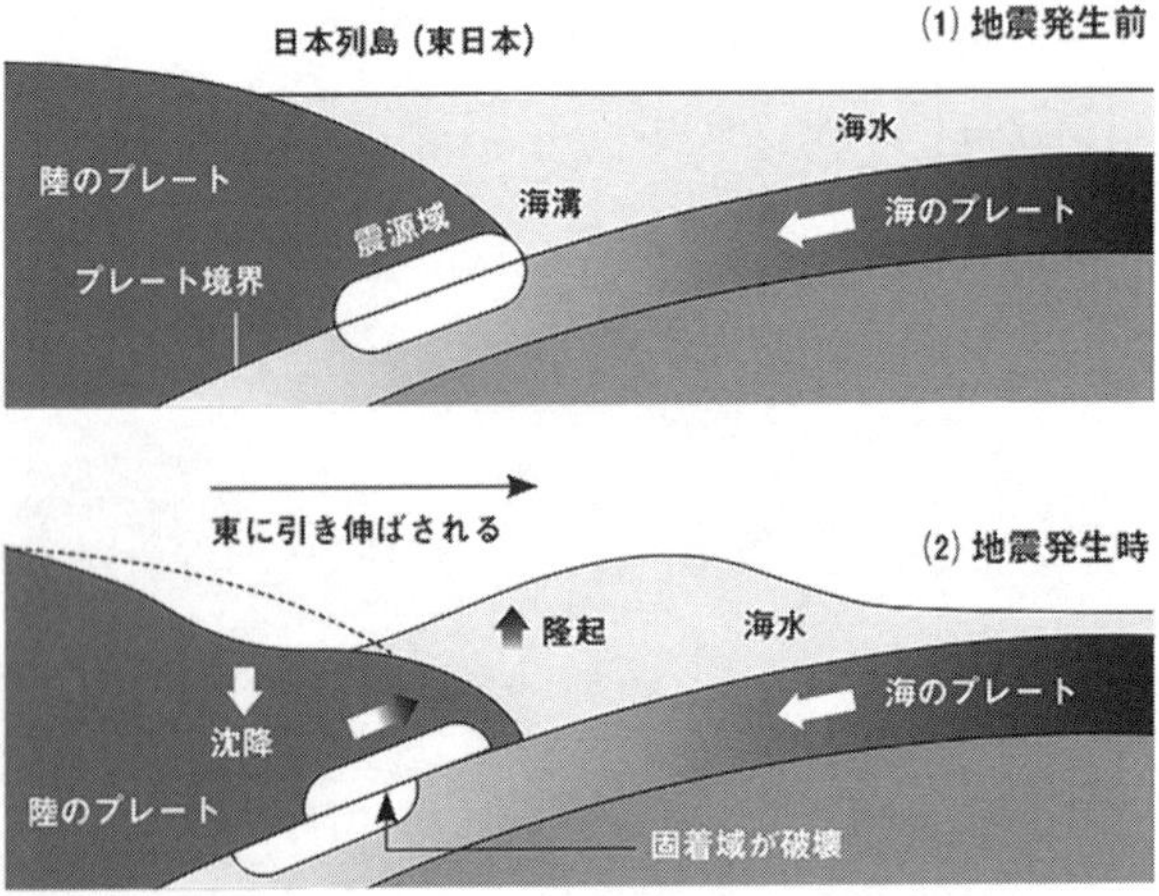

一つは先に述べた東日本大震災である。これはプレートの沈み込みによって発生した海溝型地震で、八六九年の貞観《じょうがん》地震以来、約千年ぶりのM9クラスの巨大地震だった。

東日本大震災によって、日本列島が含まれる大陸プレートにかかる応力が変わってしまった。それまでは太平洋プレートが北米プレートの下に沈み込むことで地下の岩盤を押していたストレスが、M9・0の巨大地震によってプレート間の固着域が破壊され急変した（図1-1-3）。

大陸プレートの先端が跳ね返って海側に大きく引き伸ばされた結果、日本列島は最大5・3メートルも太平洋側に移動した。このため日本の陸地面積も0・9平方キロメートルほど拡大している。また海岸沿いの地盤は最大1・14メートル沈降し、ここで生じたひずみを解消しようとして岩盤の弱い部分が割れて内陸地震が起きはじめたのである。

その結果、M3〜6規模の地震の数は年間で震災前の約5倍に急増した。それだけでなく、少なくとも今後数十年はこのペースで内陸地震が続くだろう。こうして東日本大震災を契機に始まった地盤の変位は、日本列島に2000本以上ある活断層の活動度を上げて「大地変動の時代」をもたらしたのである。

そのうち最大の懸念は、4400万人が暮らす首都圏の地下で19か所の震源域が想定されている「首都直下地震」である。ちなみに、現在の地震学では直下型地震の予知は不可能とされる。二〇一二年に日本地震学会は、日本列島で直下型地震がいつどこで起きるかを予測するいわゆる「短期的地震予知」は、現在の地震学のレベルでは極めて困難と発表した。よって、首都直下地震をはじめとして内陸地震は日本中の「どこでいつ起きてもおかしくない」状態にある。これらについては第2章で改めてくわしく解説しよう。

一千年ぶりの「大地変動の時代」

東日本大震災を起こしたプレート間の地震は、陸のプレートが跳ね上がる際に陸上に近い海底を隆起させる。このとき上にある海水が30メートルほど持ち上がる。こうして海溝型地震は、大きな津波をともなうという特徴がある。

東日本大震災では海底が広い範囲にわたって5メートルほど隆起し、大量の海水を持ち上げた。その結果、高さ20メートル近い津波が太平洋岸の至るところを襲った。それだけでなく海岸から陸を駈《か》け上がった津波は、最大40メートルもの高さまで遡上《そじょう》したのである。

東北沖ではこれまでもM8クラスの巨大地震が発生してきたが、これらをはるかに超える史上最大規模の地震となった。ちなみに、二〇〇四年十二月に発生し22万人以上の犠牲者を出したインド洋のスマトラ島沖地震は今回と同じタイプだが、先進国でこの規模の巨大地震を経験したのは初めてである。

さらに歴史的に見ても東北地方の太平洋側はしばしば大津波に見舞われてきたが、今回の津波はその中でも最大級といってよい。類似の例として千百年以上も前の西暦八六九年に発生した貞観地震がある（図1－1－4）。

このときも地震にともなう大津波によって1000人を超える死者を出した。貞観地震の規模はM8・4と推定されているので、東日本大震災の方がはるかに大きく、文字どおり有史以来の巨大地震といって過言ではない。

図1-1-4. 9世紀と21世紀の地震と噴火の類似性

平安時代(9世紀)		震源	現代(21世紀)	
850年	三宅島噴火		2000年	有珠山、三宅島噴火
863年	越中・越後地震	新潟県中越地方	04年	新潟県中越地震(M6.8)
864年	富士山噴火		09年	浅間山噴火
867年	阿蘇山噴火		11年	新燃岳噴火
869年	貞観地震	宮城県沖	11年	東日本大震災(M9.0)
874年	開聞岳噴火		13年	西之島噴火
			14年	御嶽山、阿蘇山噴火
878年	相模・武蔵地震	関東地方南部	不確定	首都直下地震(M7.3想定)
886年	新島噴火			
887年	仁和地震	南海トラフ	30年代	南海トラフ巨大地震(M9.1想定)

(注) Mはマグニチュード。首都直下地震と南海トラフ巨大地震のM想定は内閣府

実は、一九六〇年以降に日本列島で起きた地震や火山噴火の発生地域と規模が、貞観地震が起きた九世紀とよく似ている。そこで九世紀の地震を記録した古文書や地層に残された津波の痕跡を見てみよう。

九世紀前半の八一八年には北関東地震が発生し、八二七年の京都群発地震、八三〇年の出羽《でわ》秋田地震と直下型地震が続いた。その後、八四一年に信濃国地震と北伊豆地震が相次ぎ、八五〇年には出羽庄内地震、八六三年には越中・越後地震が発生した。

また九世紀には地震とともに火山噴火も頻発している。八三二年に伊豆

国、八三七年に陸奥国鳴子《なるこ》、八三八年に伊豆国神津島《こうづしま》、八三九年に出羽国鳥海山《ちょうかいさん》で噴火の記録が残されている。

九世紀後半になると、八六四年には富士山が、八六七年には阿蘇山が大噴火した（図1－4）。八六八年に播磨地震と京都群発地震が発生し、八七一年に出羽国の鳥海山、八七四年に薩摩国開聞岳《かいもんだけ》が噴火した。そして東日本大震災に対応する八六九年の貞観地震の発生である。

その後の状況も見てみよう。貞観地震発生の九年後の八七八年には、相模《さがみ》・武蔵地震と呼ばれる直下型地震（M7・4）が関東南部で起きた。さらに九年後の八八七年には、仁和《にんな》地震と呼ばれる南海トラフ巨大地震が起きた。

これはM9クラスの巨大地震で、大津波も発生した記録が残されている。そして、貞観地震発生の十八年後に起きた仁和地震が、二十一世紀の災害予測に重大な意味を持ってくる。

二〇一一年に起きた東日本大震災に対して、単純に九世紀に起きた地震の間隔を足し算してみよう。二〇一一年の九年後に当たる二〇二〇年に関東南部、すなわち首都圏で直下型地震が起きる計算になる。また、十八年後は二〇二九年となり、このころに南海トラフ巨大地震が発生する計算となる。

こうした計算は単純に加算したものであり、実際に地震が起きるわけでは決してない。しかし、東日本大震災を経過した日本列島がこうした状況にあることを念頭に置いておく必要はある。南海トラフ巨大地震の発生時期に関しては改めて第2章で詳述するが、日本列島が千年ぶりの「大地変動の時代」に入ったことは間違いないのである。

東日本大震災以降に内陸地震が増加

東日本大震災の特徴は、異常と見えるほど余震活動が激しいことである。いったんM9クラスの巨大地震が発生すると、最大規模の余震が一年以上も経ってから起きることがある。通例、最大余震は本震よりMが1小さいものが起きるので、今後M8クラスという極めて大きな余震が起きても不思議ではない。

また、M7台後半の余震でも高さ3メートル以上の津波を発生させる可能性があり、地盤が沈下した太平洋沿岸部では新たな被害が出る恐れがある。この点でも引き続き余震に対する厳重な警戒が必要である。

地球科学には「過去は未来を解く鍵」という言葉があるが、東日本大震災と酷似する二〇〇四年スマトラ島沖地震とを比較してみよう。スマトラ島沖地震の三か月後の二〇〇五年三月、震源域の南方でM8・6の巨大地震が起きた。すなわち、M9・1の地震を起こした震源域の内部で余震が起きただけではなく、震源域がさらに南へ別途拡大したのである。こうした震源域の拡大は六年後まで断続的に続き、二〇一〇年十月にはM7・7の地震を起こしている。

この事例と同様に、東日本大震災が太平洋プレートの上面で別の地域の地震を誘発するという予測がある。具体的には、今回の震源域のすぐ南側に当たる千葉県・房総半島沖での地震が心配されている。

実際、この海域では一六七七年にM8・0の延宝《えんぽう》房総沖地震が大津波をともない発生し、200人を超える犠牲者が出た。津波堆積物の調査からは、太平洋岸に最大8メートルの高さの津波が押し寄せたこともわかっている。これについては第1－2節で改めて取り上げる。

なお、震源域の拡大は南方だけとは限らず、北方の三陸沖北部へ広がる可能性もないわけではない。いずれにせよ、今後M8クラスの地震が沖合で新たに発生すれば、地震動と津波の両方の大災害が再発する恐れがある。これについては第1－3節でくわしく述べよう。

東日本大震災の発生直後から、震源域から何百キロメートルも離れた内陸部で規模の大きな地震が発生している。たとえば、三月十二日に長野県北部でM6・7の地震が起きた。この地震により長野県栄《さかえ》村で震度6強を記録し、東北から関西にかけての広い範囲で大きな揺れを観測した。また、三月十五日には静岡県東部で深さ14キロメートルを震源とするM6・4の地震があり、最大震度6強を観測した。

こうした内陸性の直下型地震は、東日本の岩盤が東西方向に伸張したことによって起きる。地面が引っ張られたことで陥没する「正断層型」の地震が発生しており（第2章の図2-4-2を参照）、今後も時間をおいて突発的に起きる可能性がある。すなわち、太平洋上のM9の震源域で起きる余震だけではなく、東日本の広範囲でM6～7クラスの地震が誘発される恐れがある。

たとえば、過去に東北地方では、一八九六年に発生した明治三陸地震（M8・5）の二か月後に秋田・岩手県境を震源とする陸羽地震（M7・2）が発生した例がある。こうした地震は、海の震源域の内部で発生する余震の一部ではなく、新しく別の場所で「誘発」されたものである。今後、東日本の広範囲でM6～7クラスの地震が誘発され、震源が浅い直下型の場合には震度6強の揺れも起こりうる。

もう一つ、東日本大震災が首都圏で直下型地震を誘発するかどうかが懸念されている。結論からいうと、首都圏も東北地方と同じ北米プレート上にあるため、活発化した内陸地震の例外ではない。二〇〇五年七月にはM6の直下型地震が発生し、首都圏東部が震度5強の強い揺れに見舞われ電車が五時間以上もストップした。東日本大震災によって「首都直下地震」が起きる確率が高まったと考えた方がよい。

かつて東京湾北部で一八五五年に安政江戸地震（M6・9）が発生し、7000人を超える死者が出た。国の中央防災会議は首都圏でM7・3の直下型地震が起きたときに1万1000人の揺れによる死者、1万6000人の火災による死者、全焼家屋17万5000棟、焼失家屋41万2000棟、そして建物等の直接被害47兆円および生産・サービス低下の被害95兆円の経済的被害がそれぞれ出ると想定している。なお、首都直下地震のメカニズムと被害予測については第1－5節と第1－6節でくわしく取り上げる。

コラム1 地震のマグニチュード

地震の強さを表す指標の一つにマグニチュード（M）がある。地下で発生するエネルギーの大きさを表す単位であり、数字が0・2大きくなるとエネルギーは約2倍、1大きくなるとエネルギーは約32倍、２大きくなると１０００倍まで増加する。

実は、マグニチュードはエネルギーを１０００の平方根を底とした対数で表したもので、桁の大きく違う量を簡単にイメージできるように地球科学ではよく用いられる手法である。このマグニチュードは米国の地震学者チャールズ・リヒター（一九〇〇～一九八五）が一九三五年に提唱したため、リヒタースケールとも呼ばれる。

ちなみに広島型の原爆（20キロトン）の放出エネルギーはＭ６・１に相当する。二〇一一年の東日本大震災（Ｍ９・０）は、一九二三年の関東大震災の約50倍、また一九九五年の阪神・淡路大震災の約１４００倍にもなる。

マグニチュードは気象庁により震源から１００キロメートル離れた標準的な地震計の針が揺れた最大値から求められ、日本ではマグニチュード7以上を大地震と呼んでいる。これは気象庁マグニチュード（Ｍｊと書く）と呼ばれるものだが、こうした方法で実際に地震を測ると最大Ｍ８・５くらいで頭打ちになり、それより大きな地震は計測できない。

そこで巨大な地震も測ることが可能なモーメントマグニチュード（Ｍｗと書く）が併用されるようになった。一九七九年にカリフォルニア工科大学の金森博雄《ひろお》教授（一九三六～）によって提唱されたものだが、断層の面積（長さ×幅）とずれた量などから算出する。断

図コラム1. 世界で起きた大地震のマグニチュード

順位	発生日	規模(マグニチュード)	地震名	発生場所
1	1960. 5.23	M9.5	チリ地震	バルディビア(チリ)
2	1964. 3.28	M9.2	アラスカ地震	アラスカ(アメリカ合衆国)
3	2004.12.26	M9.1	スマトラ島沖地震	スマトラ島北部西方沖(インドネシア)
4	2011. 3.11	M9	東日本大震災	東北地方・三陸沖(日本)
5	1952.11. 5	M9	カムチャッカ地震	カムチャッカ半島(ロシア)
6	2010. 2.27	M8.8	チリ中部地震	マウリ沖(チリ)
7	1906. 2. 1	M8.8	エクアドル・コロンビア地震	エクアドル沖(エクアドル)
8	1833.11.25	M8.8	スマトラ島地震	スマトラ島(インドネシア)
9	1965. 2. 4	M8.7	アラスカ地震	アラスカ・アリューシャン列島(アメリカ合衆国)
10	2012. 4.11	M8.6	スマトラ島北部西方沖地震	スマトラ島北部西方沖(インドネシア)
11	2005. 3.29	M8.6	スマトラ島北部地震	スマトラ島北部(インドネシア)
12	1957. 3. 9	M8.6	アリューシャン地震	アラスカ・アリューシャン列島(アメリカ合衆国)
13	1950. 8.15	M8.6	アッサム・チベット地震	アッサム・チベット(インド)
14	1868. 8.13	M8.5	アリカ地震	アリカ沖(ペルー・チリ)

＊1800 年以降に発生したマグニチュード 8.5 以上の巨大地震を大きい順に配列した（同じマグニチュードでは新しい順)。日付は世界標準時。内閣府と気象庁の資料による。

層運動の規模そのものを表すモーメントマグニチュードを使えば、巨大地震のエネルギーを正確に見積もることが可能となるため、国際的に広く用いられている。

巨大地震では気象庁マグニチュードとモーメントマグニチュードのギャップがしばしば大きくなる。たとえば一九六〇年に起きた世界最大のチリ地震は、気象庁マグニチュード（Mj）ではM8・3、モーメントマグニチュードではM9・5だった（図コラム1）。

日本では地震が発生すると、気象庁は地震計から届いた最大揺れ幅など限られたデータを使って、迅速にマグニチュードを決定して発表する。気象庁マグニチュードは比較的短い時間で出せる長所があるが、巨大地震に対しては正確さを欠く短所がある。一方、モーメントマグニチュードは決定までに時間がかかる欠点がある。

よって、実際には地震が起きるとまず気象庁マグニチュードが発表され、後に正確なモーメントマグニチュードによって訂正される。気象庁では、精査前のマグニチュードを「速報値」、精査後のマグニチュードを「暫定値《ざんていち》」と呼んで発表している。

マグニチュードと似たようなものに「震度」があり、しばしば混同されている。よって、コラム2では震度についてくわしく解説しよう。

1－2節

房総半島沖地震と巨大津波、東日本大震災の拡大地震

近年、千葉県東方の沖合では地震が頻発し、首都圏でも大きな揺れを観測している。二〇二四年二月二十六日から三日連続で地震が発生し、千葉県と埼玉県で震度4の地震を観測した。さらに三月一日には深さは30キロメートルでM5・3の地震が、三月二日には千葉県南東部の陸地でM5・0の地震が発生した。

この一週間ほどの間に一日5キロの速さで地震活動が海側から陸側へ拡大しているため、首都直下地震の誘発が懸念され始めた。こうした動きは二〇〇七年八月から十一月に起きた地震活動と似ており、この時はM5クラスの地震により最大震度5弱の揺れが観測された。

房総半島沖で起きた過去の地震を見ると、一九八七年の千葉県東方沖地震（M6・7）では現在の震度階級で震度6弱を観測し、2人が死亡、146人が負傷、6万棟の家屋が被災する大きな被害が出た。また二〇二一年には千葉県北西部を震源とする強い地震（M5・9）で震度5強を観測し、重傷者3人と軽傷者39名、および住宅火災2件を出している。

これらは内陸で起きる直下型地震に当たるが、首都圏で警戒されているM7クラスの首都

直下地震と比べるとエネルギー放出量ははるかに小さい。以下では千葉県の周辺で頻発している地震活動のメカニズムを解説し、今後太平洋側で起きると予測される巨大地震への警戒を促したい。

千葉県直下にプレートが3枚

首都圏の下には3枚のプレート（岩板）がひしめき合っており、世界的にも地震の起きやすい変動地域にある（図1－2－1）。具体的には北米プレートという陸のプレート上に乗っているが、その下ではフィリピン海プレートという海のプレートが南から沈み込み、その深部に太平洋プレートという海のプレートが東からもぐり込んでいる。

こうした3枚のプレート境界が一気に滑ったり、プレート内部の岩盤が割れたりすることで、さまざまなタイプの地震を起こしてきた。今回、千葉県東方沖とその周辺で活発になった地震は、フィリピン海プレートの上面で起きている（図1－2－1）。

また地震のメカニズムは、北北西－南南東の方向に地盤が押される「圧力軸」を持つ「逆断層型」と言われるタイプである。すなわち、沈み込む海側のフィリピン海プレートの上にある陸側の北米プレートが、斜めにずれながら持ち上がるときに地震が発生した。

図1-2-1. 首都圏の地下にある3つのプレート

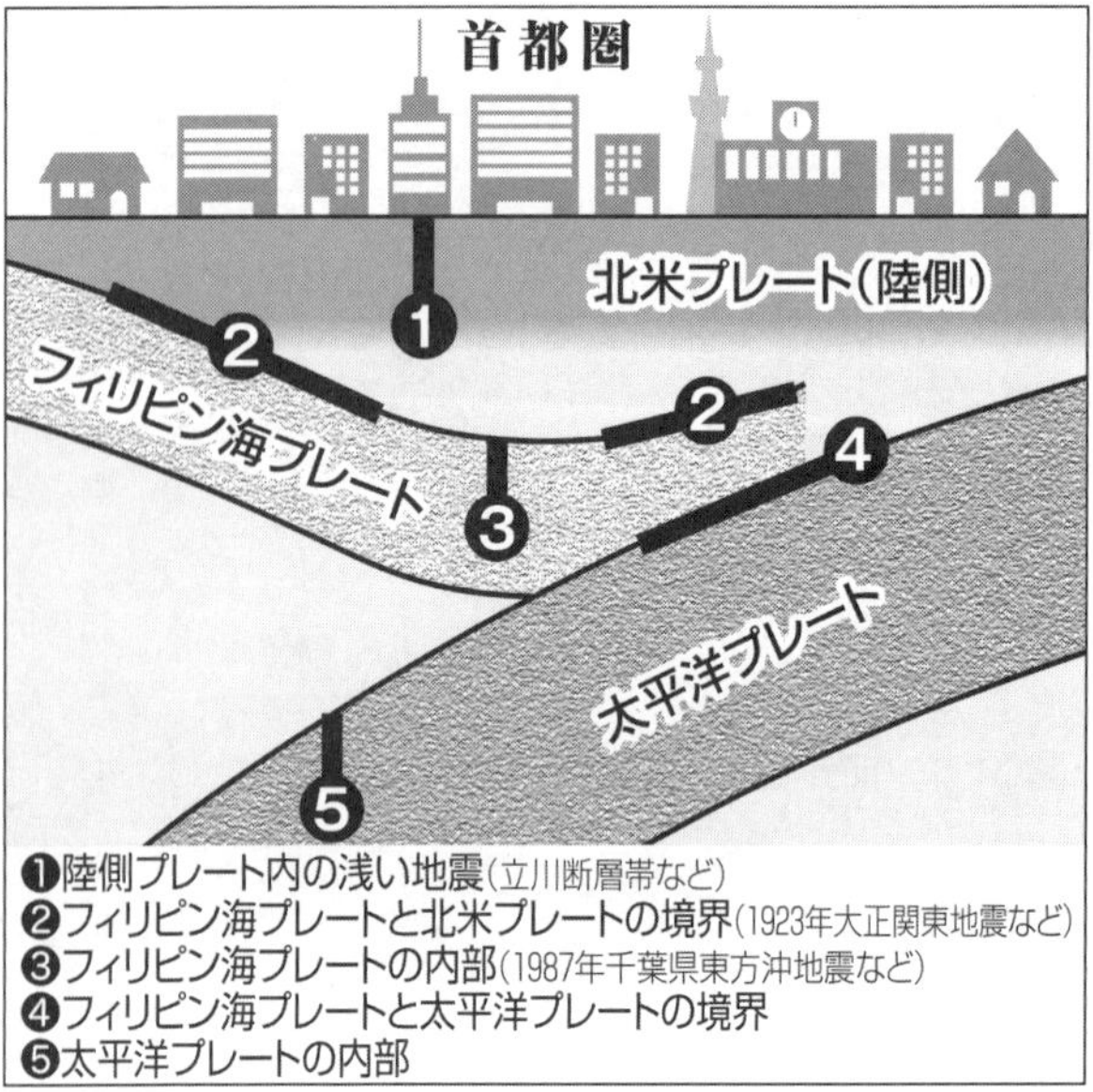

千葉県東方沖では近年、陸側と海側のプレートの境界がゆっくりとずれ動く「スロースリップ」（ゆっくりすべり）が起きている（図1－2－2）。この領域では過去にも数年に一度の頻度でスロースリップ現象が観測されてきた。

国土地理院によると二〇二四年二月～三月のプレート境界面上のすべりは、最大2センチメートルである。また一九九六年から二〇一八年まで6回にわたり、スロースリップが観測された後の一週間から数か月ほどの間に地震活動が活発になったことが報告されてい

図1-2-2. 房総半島沖でスロースリップが観測された地域と震度3以上の震央（2024年）

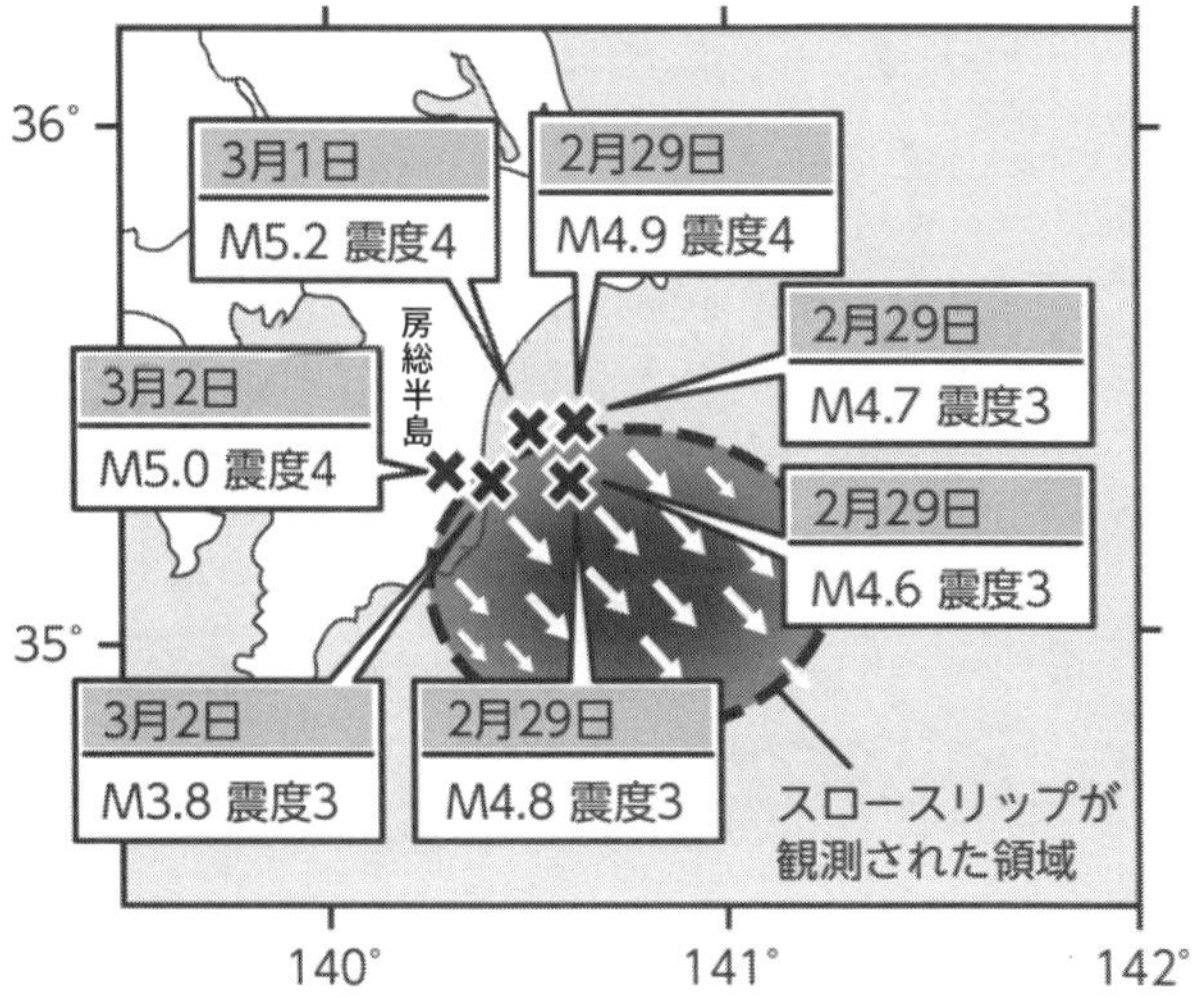

る。

このうち二〇〇七年のスロースリップでは、陸上でも最大震度5弱の大きな揺れを観測した。ちなみに、スロースリップは地盤がゆっくり滑るので、海底で起きても津波が発生することはない。

一方、今後このスロースリップに誘発されてM6台の地震が起き、最大震度5強の強い揺れが襲ってくる可能性がある。こうした状況が、首都圏内の19か所にわたる震源域を持つ首都直下地震を引き起こす要因として警戒されている。これについては改めて1－5節で詳述する。

図1-2-3. 東日本大震災と延宝房総沖地震の震源域

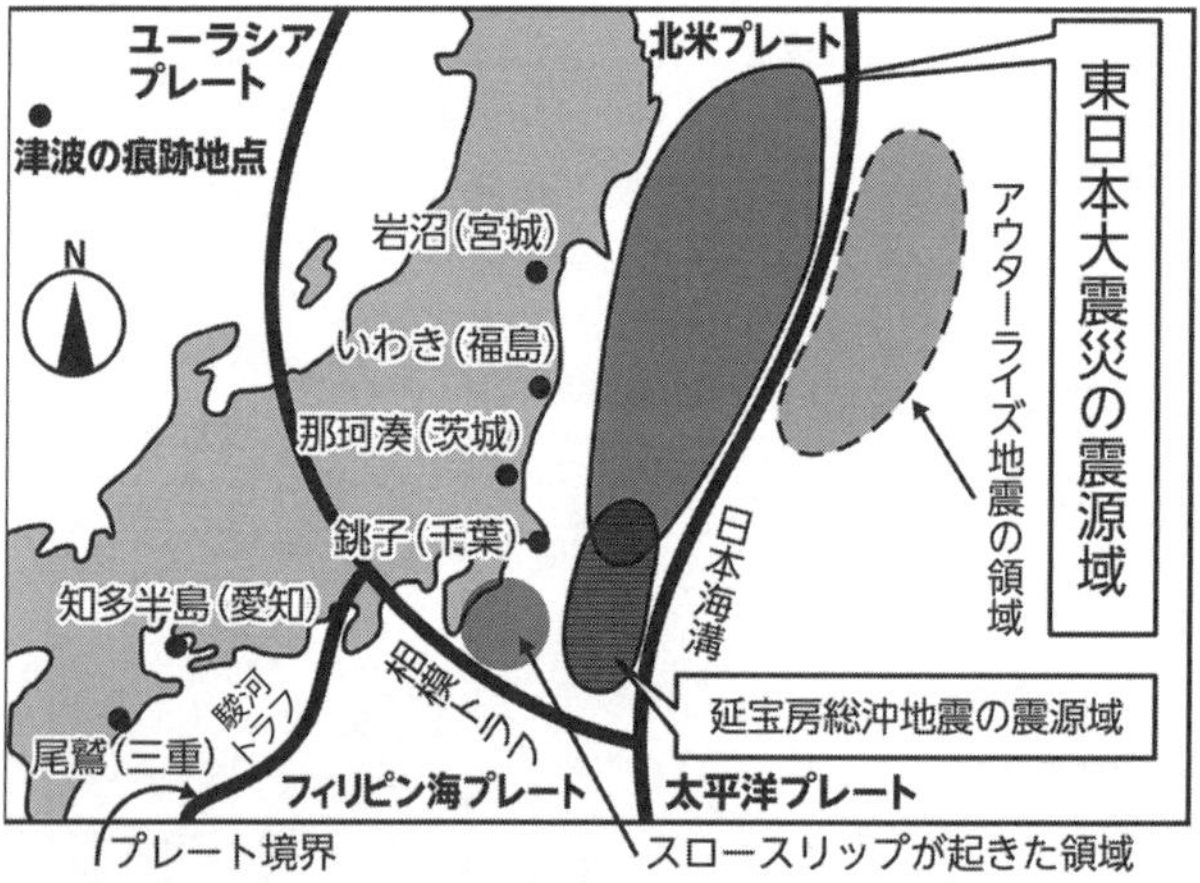

繰り返されるスロースリップ地震

フィリピン海プレートの活動が引き起こす首都圏を襲う激甚災害としては、一九二三年に起きた関東大震災の再来が心配されている。というのは、今回の千葉県東方沖地震と関東大震災は、同じ「相模《さがみ》トラフ」でプレート沈み込みによって起きているからである（図1-2-3）。

両者の違いは動く速度の大小にある。スロースリップは陸側プレートのごく一部がゆっくり動くことで地震が起きた現象を指す。一方、関東大震災では陸側プレートの広範囲が一気に動いてしまったためM7・9という巨大地震が起きたのである。つまり、わずかな距離がずるずる滑っている（スロースリップ）分には良いのであるが、一度に滑ると放出エネルギーが何万倍にもなり大災害を引き起こす。

関東大震災の活動は千葉県沖にある震源域にも関係する。フィリピン海プレートと北米プレートの境界は、関東大震災を起こした相模トラフの西側だけではない。一七〇三年にはその東側で元禄《げんろく》関東地震（M8・2）を起こしている（図1－4－2）。この元禄関東地震では犠牲者1万人以上を出した。いずれも1－4節でくわしく述べる。

最近の研究で新しい事実がわかってきた。房総半島の沖合に元禄関東地震を起こした拡大震源域が確認され、関東大震災の震源域はその西側半分に過ぎないことが判明した。いずれもプレートが沈み込む海溝型の巨大地震であるが、関東大震災は元禄関東地震の再来と考えられている。現在は関東大震災から百年が過ぎたので、千葉県東方沖はフィリピン海プレートの活動が活発になった際に震源域として要注意の海域なのである。

房総半島を大津波が襲った延宝房総沖地震

千葉県東方沖ではもう一つ警戒すべき地震がある。今回のスロースリップが起きている震源域のさらに沖合で、M8クラスの巨大地震の発生が懸念されているのだ。

この海域では一六七七年にM8・0の延宝《えんぽう》房総沖地震が太平洋プレートの上面で起きた（図1−2−3）。なお、ここから地震発生のメカニズムとして、海の太平洋プレートが陸の北米プレートに沈み込む話が加わる。

延宝房総沖地震は大津波をともない400人を超える犠牲者が出た。さらに津波堆積物の調査から、千葉県の太平洋岸に最大高さ8〜19メートルの大津波が押し寄せたこともわかっている。

地震発生のメカニズムは、東日本大震災とも関連する。というのは両者の震源域が千葉県の東方沖で接しているからである（図1−2−3）。一般にM9クラスの巨大地震が起きると、広大な震源域の両端でひずみが蓄積する。

たとえば、東日本大震災では、震源域の北に当たる岩手・青森県沖と、南に当たる茨城・千葉県沖の陸から200キロメートルほど離れた海域である。こうした震源域の両端に当たる領域で、M9地震が起きた数年から数十年後にM8クラスの大地震を引き起こすことが知られている。

東日本大震災と同じ海溝型タイプの二〇〇四年スマトラ島沖地震（M9・1）では、震源域の延長部で八年後の二〇一二年にM8・6の大地震が起きた。このように東日本大震災後にも、東西200キロメートル、南北500キロメートルにわたる震源域の端にたまったストレスが、M8クラスの巨大地震を起こす恐れがある。

二〇一六年に千葉県は最新の知見を踏まえて地震被害の想定を公表した。それによると房総半島の東方沖でM8・2の巨大地震（深さ25キロメートル）が起きた場合、最大高8・8メートルの津波により最大5600人の犠牲者と2900棟の建物被害が出るとしている。よって、三百五十年ほど前に起きた延宝房総沖地震の記録と地震・津波のシミュレーション結果を参考にして、太平洋沿岸部での防災準備を怠《おこた》らないでいただきたい。

コラム2　地震の震度

地震が起きると気象庁から発表される震度は、ある場所でどのくらい地面が揺れるかを表したものである。前回解説した地震の規模を示すマグニチュード（Mと略記）は、地震に対して一つの値しかないが、震度は場所によって変わる。すなわち、Mが大きくても震源地から離れていれば震度は小さくなり、Mが小さくても震源地から近ければ震度は大きくなる。

震度は「震度階級」という尺度で表される。以前は揺れの強さを人の感覚や家屋が壊れる被害の程度から目視で定めていたが、一九九六年から機械的に測る震度計によって決定されるようになった。現在、気象庁の震度計は全国約600か所で設置されている。

かつては震度の階級は0〜7までの8段階だったが、一九九五年の阪神・淡路大震災で同じ震度でも被害の地域差が大きかったので、震度5と6を強弱の二つに分けて10段階で表すようになった（図コラム2）。また強震や弱震などの名称もなくなった。ちなみに、最大の震度7は過去5回観測され、いずれも大災害をもたらした。

震度7の被害状況は震度6強とは大きく異なる。震度7で人は大揺れに翻弄《ほんろう》され自分の意思で行動できない。固定していない家具は激しく動きまわり、空中を飛んで壁に激突するものもある。屋外では建物の看板や窓ガラスが破損し、落下する事故が多発する。

耐震補強のない木造住宅の多くは十秒ほどで倒壊する。一九八一年以前に建てられた建物の6割以上、また一九六一年以前に建てられた建物の8割以上が全壊する試算もある。

気象庁から発表される震度が同じでも、建造物や地盤の状態によって被害が大きく異なる場合がある。平野部を形成する「沖積層《ちゅうせきそう》」などの軟《やわ》らかい地盤では、山間部などの硬い

図コラム2. 気象庁による震度階級と人の体感と行動の関係

（気象庁の階級）

震度階級7	固定していない家具のほとんどが倒れる。
震度階級6強	立っていることができず、はわないと動くことができない。
震度階級6弱	立っていることが困難になる。
震度階級5強	大半の人が行動に支障を感じる。
震度階級5弱	大半の人が恐怖を覚え、物につかまりたいと感じる。
震度階級4	歩いている人のほとんどが、揺れを感じる。
震度階級3	屋内にいる人のほとんどが、揺れを感じる。
震度階級2	屋内で静かにしている人の大半が、揺れを感じる。
震度階級1	揺れをわずかに感じる人がいる。
震度階級0	人は揺れを感じないが、地震計には記録される。

地盤よりも震度が大きくなる。また液状化現象や噴砂《ふんさ》など、建物の被害とは別の災害が発生する。

遠方で大きな地震が起きた場合には、タワーマンションなど高層建築物が特定の周期の地震波に共振する「長周期地震動」による被害が起きる。さらに二〇一一年の東日本大震災では揺れに共振した石油タンクでスロッシング（タンク内溶液の液面が大きく揺れる現象）が起こり、火災を誘発した。

二〇三〇年代に発生が予測されている南海トラフ巨大地震では、九州から関東まで広範囲に震度6弱以上の大揺れをもたらし、震度7を被る地域が10県にわたる。その結果、災害廃棄物の総量は約2億2000万トンに達する。地震の規模（M9・1）は東日本大震災（M9・0）とほぼ同じだが、太平洋ベルト地帯を直撃するため一桁大きい被害が想定されている。

震度は地域の地盤や建造物によって被害が異なる場合がある。発表された数字だけで災害を予測すると間違う恐れがあり、注意が必要である。

1-3節 三陸沖アウターライズ巨大地震

日本海溝の東方でアウターライズ地震

東日本大震災後の発生が警戒されている巨大地震としては「アウターライズ地震」と呼ばれるタイプの地震がある。東日本大震災のように2枚のプレートの境界で起きるのとは別のメカニズムで発生する。

アウターライズとは、陸から見て海溝の外側（アウター）にある隆起地形（ライズ）を言う（図1-3-1）。海のプレートが陸のプレートの下に沈み込む際に、海底がたわんで盛り

図1-3-1. アウターライズ地震とスラブ内地震

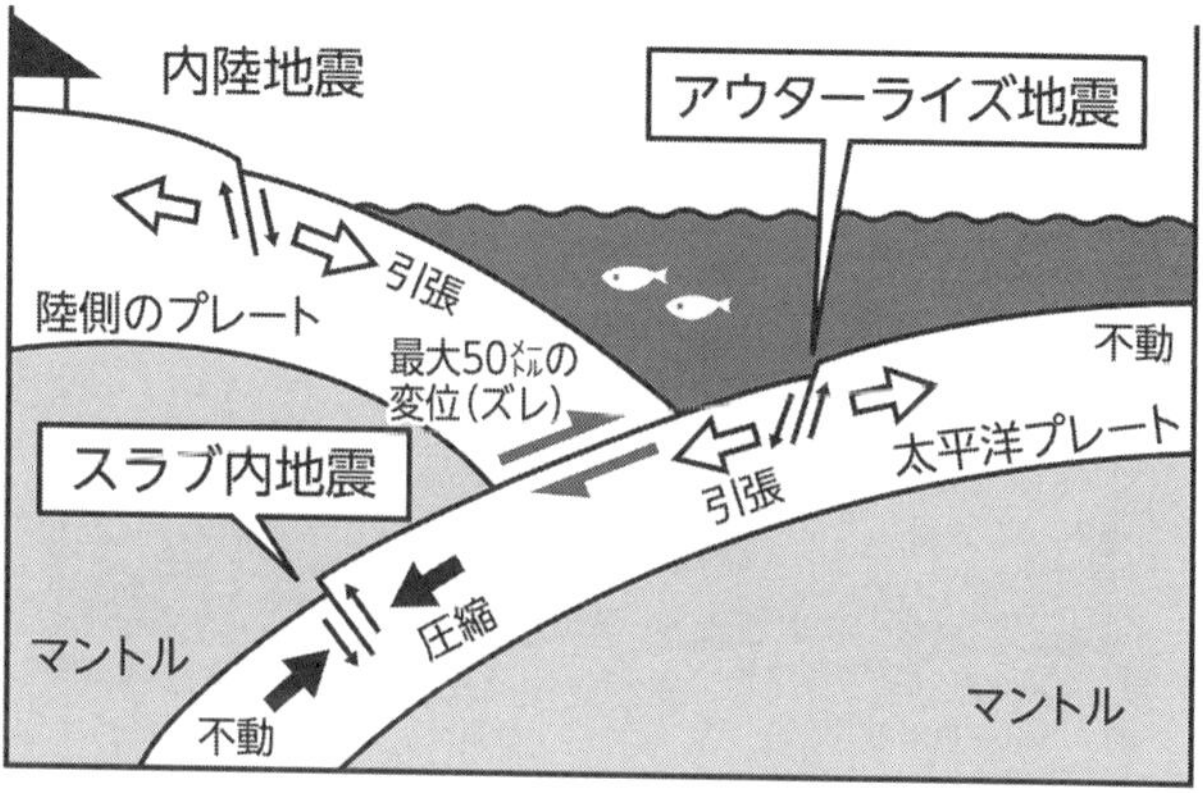

上がる現象である。

東日本大震災の震源域の外側、日本海溝の東方にこうしたアウターライズ領域があり（図1－2－3を参照）、活発な地震活動が観測されている。この海底では地盤が引っ張られることによって亀裂《きれつ》が入ることで生じる正断層も多数見つかっており、M8クラスの巨大地震の発生が懸念されている。

アウターライズの地殻変動は、東日本大震災によって力のかかり方が大きく変化したことで活発化しはじめた。太平洋プレートと北米プレートの間に蓄積されていたひずみが解消され、太平洋プレートは西に大きく移動し地下へ沈み込みやすくなった。

1－1節で述べたように陸側のプレートは東へ移動したが、海側のプレートは陸側プレートとの固着部分が剥《は》がれたため、西へ移動しやすくなったので

図1-3-2. アウターライズ領域でのM3以上の地震発生数

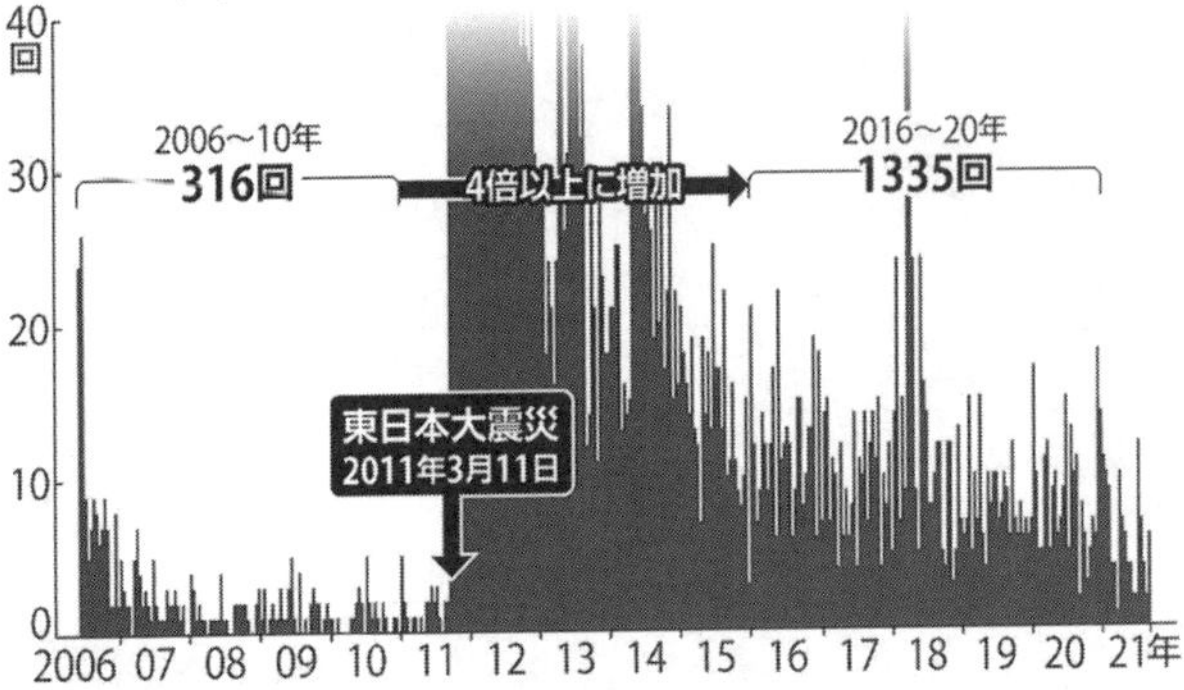

気象庁のデータによる

ある（図1－1－3を参照）。

この動きによって、日本海溝の東側にある太平洋プレート内部では、引っ張る力が強まった（図1－3－1）。この結果、海底で正断層型の地震が頻発するようになったのである。震災前と震災後の地震の発生頻度を比べると、アウターライズ領域では数十倍まで増えた。

具体的には震災前の五年間（二〇〇六年～二〇一〇年）と震災後の五年間（二〇一六年～二〇二〇年）でM3以上の地震の発生頻度を比較すると、震災前にプレートのずれ動きが大きかったすべり領域が震災後には10分の1以下に減っていた。

一方、その領域周辺では地震活動が活発になり、さらにアウターライズ領域では10倍～100倍まで増えていた（図1－3－2）。すなわち、アウターライズ領

図1-3-3. プレート境界型地震の後で起きるアウターライズ地震

場所	プレート境界型地震		アウターライズ地震
日本海溝	1896年 M8.2の明治三陸地震	約37年後→	1933年 M8.1の昭和三陸地震
	岩手県の東方沖 約200キロメートル	震源	明治三陸地震より東側
	最大38.2メートル	津波(遡《そ》上《じょう》高)	最大28.7メートル
	約2万2000人	死者·行方不明者	約3000人
スマトラ沖	2004年 M9.1の地震	約8年後→	M8.6の地震
千島海溝	2006年 M7.9の地震	約2か月後→	M8.2の地震

域で規模の大きな地震が起きるリスクが増えたと考えられる。

この領域で発生した過去の地震を見ると、プレート境界型地震の後でＭ８クラスのアウターライズ地震が発生した例が複数ある。一八九六年に明治三陸地震（Ｍ８・２）が起きた三十七年後、その東側のアウターライズ領域で昭和三陸地震（Ｍ８・１）が発生した（図１－３－３）。

昭和三陸地震は太平洋沿岸で最大震度５の揺れとなり、三陸沿岸に28・７メートルの津波が襲った結果、３０００人以上が犠牲となった。三陸沖のアウターライズでは断層が上下方向にずれるため、津波が巨大化しやすいのである。

同様に、日本海溝の北東に連続する千島《ちしま》海溝でも二〇〇六年十一月にＭ７・９の地震が発生し、その二か月後にM8・2のアウターライズ地震が起きた。いずれも太平洋プレートの上部の海底側が引っ張られることで発生した正断層型の地震で、両者は一対になって発生した地震である。

二〇一二年十二月には日本海溝のアウターライズ領域でM7・3の地震が発生し、陸上では最大震度5弱を観測し宮城県石巻《いしのまき》市に1メートルの津波が到達した。一方で、アウターライズ地震の規模は最大でも本震の四十分後に起きたM7・5であり、想定されているM8クラスの巨大地震はまだ起きていない。

その後、海洋研究開発機構と徳島大は岩手県から福島県沖のアウターライズ領域で海底断層を30本以上確認した。断層の最大長は332キロメートルあるため、もし今後これらが動くとM8・7の地震が発生し昭和三陸地震クラスの津波が襲う恐れがある。

政府の地震調査委員会は将来のアウターライズ地震に対して昭和三陸地震とほぼ同規模の最大M8・2前後と想定している。また、今後五十年以内の発生確率は10%程度としている。これは90%以上としている南海トラフ巨大地震などと比べて高くはないが、アウターライズ地震特有の危険性がある。

防災科学技術研究所は北海道から千葉沖の5500キロメートルの区間で地震計と水圧計を150か所に配置する「Sネット観測網」を設置した。気象庁はそのデータを緊急地震速報と津波警報に活用し、地震を最大三十秒程度、また津波を二十分程度それぞれ早く観測できるように整備した。

さらに気象庁は、M8級を超える地震では第1報で津波の高さを示すのが難しいことから、二〇一三年に津波警報を見直した。「巨大」「高い」と言葉で簡潔に表現する発表法に変更し、住民が迅速に行動できるようにした。さらに津波が到達してから後の救助の迅速化を目指し、警報を解除する適切なタイミングの研究を続けている。

昭和三陸地震の苦い経験

アウターライズ地震は震源域が沿岸から離れているため、津波到達までに時間がかかり、陸上の震度が比較的小さくなる傾向がある。一方、震源が浅い海底にあるため、揺れがさほど大きくない割に大きな津波が襲ってくる。

このため津波の前に高台へ避難する行動が遅れ、避難を早めに切り上げて帰宅してしまう人が続出する恐れがある。その結果、アウターライズ地震では通常の海溝型地震と比べて津波被害が拡大しやすい。よって、三陸の沿岸地域では大きな揺れを感じたら直ちに避難し、警報解除まで高台に留まり続ける必要がある。

実際に日本人はアウターライズ地震の発生では苦い経験をしている。明治三陸地震では2万人以上の犠牲者を出し、38メートルの巨大津波に襲われた。こうした事実があったのにもかかわらず、昭和三陸地震では避難が遅れて多数の犠牲者を出した。地球科学者にとって自然災害の啓発がいかに困難かを痛感した事例である。

明治三陸地震と昭和三陸地震の間隔は三十七年だったが、地震の破壊現象は「複雑系」なので、この期間が東日本大震災のアウターライズ地震に適用できるわけではない。よって、もし海岸で大きな揺れを感じたら直ちに高台へ避難し、警報解除まで留まる必要がある。

これから起きる可能性のある三陸沖の地震と津波の観測網の整備は着々と進んでいるが、アウターライズ地震では体感する揺れが小さくても大きな津波が来る危険性はまったく変わっていないので、引き続き警戒が必要である。

日本列島は東日本大震災以来一千年ぶりの「大地変動の時代」に突入し、数十年という時間軸で地震が頻発する。その中にはアウターライズ地震など一般社会でほとんど認知されていない巨大地震もある。

そして自然災害では常に「想定外」の事態が生じるので、陸域と海域で発生する地震への警戒を今後も緩めてはならない。「地震学的には東日本大震災は終わっていない」ことを、改めて認識していただきたい。

1－4節　関東大震災の再来と元禄関東地震

首都直下地震はいつ起きてもおかしくないとされる激甚災害だが、その想定の中では既に百年が経過した関東大震災の再来が心配されている。一九二三（大正十二）年九月一日、首都圏は最大震度7に相当する激しい揺れに襲われた。

また北海道から四国にかけての広い範囲で震度5に至る揺れを観測した。重さ121トンの鎌倉大仏が30センチメートル以上ずれ動くほどの大揺れが首都圏を襲ったのである。その結果、東京・神奈川県・千葉県など関東南部を中心に11万棟近くの住宅が全壊した（図1－4－1）。

地震の発生時刻が昼食の時間帯に重なり、火災が同時多発的に約130か所で起きた。焼失面積は当時の東京市の4割を占める34平方キロメートルに達した。関東地方で吹いていた強風も加わり70か所以上で次々と延焼し、焼失建物は21万2000棟を上回った。折悪しく

図1-4-1.1923年9月1日に起きた関東大震災による横浜市の惨状

（出典）国立科学博物館

日本海から東北へ台風が通過していた影響で、地震と火災の複合災害となったのである。

さらに火炎を含む竜巻状の渦が立ち昇る「火災旋風」が起き、現在の墨田区横《よこ》網《あみ》町にあった旧陸軍被服廠《ひふくしょう》と呼ばれる工場跡地で避難していた３万８０００人が犠牲になった。四方から迫る火災により逃げ場を失い、人々が持ち込んだ家財道具に引火して大きな被害になった。

都市だけでなく山沿いでは大規模な土砂災害が発生し、各地で斜面崩壊や地すべりが起きた。駅に停車中の列車がホームごと海に流され２００人が犠牲となった例もある。なお地震後も大雨や土石流による土砂災害は各地で続いた。この結果、死者・行方不明者は10万5０００人を超え、全半壊・全焼した家屋が合わせて約37万棟に達するという明治以降の日本で最大の災害となった。

関東大震災のメカニズム

地震は神奈川県西部の深さ23キロメートルで発生し、首都圏を中心に震度7の揺れをもたらした。その原因はM7・9の海溝型巨大地震であり、房総半島と伊豆大島の間を境とする二つのプレートがずれることによって発生した（図1－4－2）。「相模トラフ」という谷状の地形で、陸のプレートである北米プレートの下に海のプレートであるフィリピン海プレートがもぐる箇所がずれ動いたのである（図1－2－3を参照）。

これを地震前と地震後の測量から地殻変動について調べてみると、北西に30度傾いた断層面に沿って北米プレートがフィリピン海プレートに乗り上げるように南東方向へ7メートルずれたことがわかった。また地震の規模でみると、一九九五年に約6４００人の犠牲者を出した阪神・淡路大震災（M7・3）と比べて8倍ほど大きかった。

震源が海域にあることから、南関東と静岡県の沿岸で大津波が観測された。静岡県熱海市で高さ12メートル、千葉県館山《たてやま》市で高さ9メートルを記録し、沿岸域で被害が続出した。

ちなみに、相模トラフは巨大地震を周期的に起こしてきた。大正時代に関東大震災を起こしただけでなく、一七〇三年には「元禄関東地震」と呼ばれる大地震を起こした。

元禄十六年十一月二十三日（一七〇三年十二月三十一日）の未明に発生した元禄関東地震の規模はM7・9～8・2で、関東大震災よりやや大きい。関東一円で1万人以上の死者を出し、江戸の元禄文化を打ち砕いたとされる。また同時に発生した津波の高さは鎌倉で8メートル、品川で2メートルを記録した。

近い将来、元禄関東地震と同タイプの海溝型巨大地震（M8・2）が海底で起きると、東京湾に2メートルから4メートルの津波が二十五分から四十五分で押し寄せると予測されている。そして震源に近い相模湾内では高さ6メートルから10メートル以上の津波が五分から十分で襲ってくる。

現代の首都圏は大正時代や元禄時代と異なり、ハイテクの大都市ならではの甚大な被害が見込まれる。侵入した津波は地震で破壊された堤防の隙間をぬって首都圏東部のゼロメートル地帯を襲う。都心には網の目のように地下鉄が通っているので、地下街とともにその浸水対策が急がれる。

図1-4-2. 関東大震災と元禄関東地震の震源域

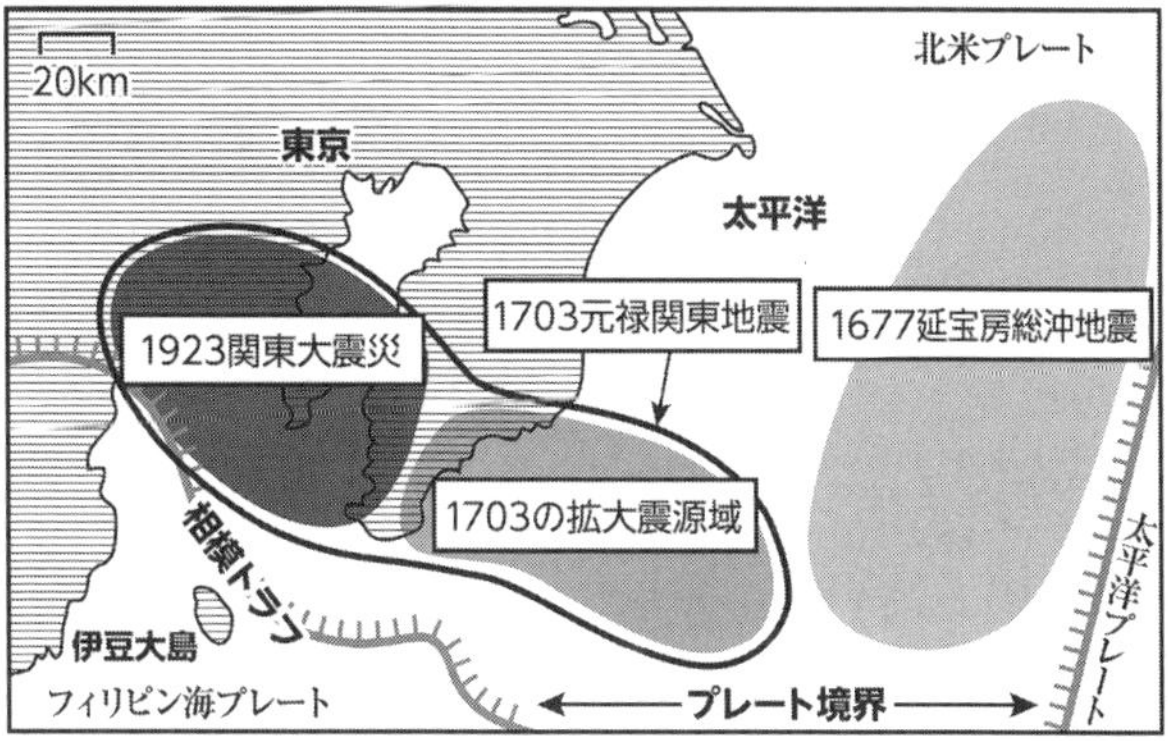

内閣府と地震調査委員会による

さらに震度6強以上の強い揺れによって、東京湾の埋立地や川崎市や横浜市などの沿岸域では激しい「液状化」（軟弱な砂質地盤が液体のようになる現象）が起きると予想される。国の被害想定では最大の死者数3万1000人、また全壊棟数は39万棟に達すると推計されている。

関東大震災の再来周期

首都圏では関東大震災以来M7クラスの直下型地震が起きていない。関東大震災の発生から百年以上経過したため、これから活動期に入る可能性が指摘されている。

最近の研究で、元禄関東地震は房総半島の沖合まで震源域が確認され、関東大震災の震源域はその西側半分であることが判明した（図1－4－2）。

図1-4-3. 元禄関東地震と関東大震災の前後に発生した地震

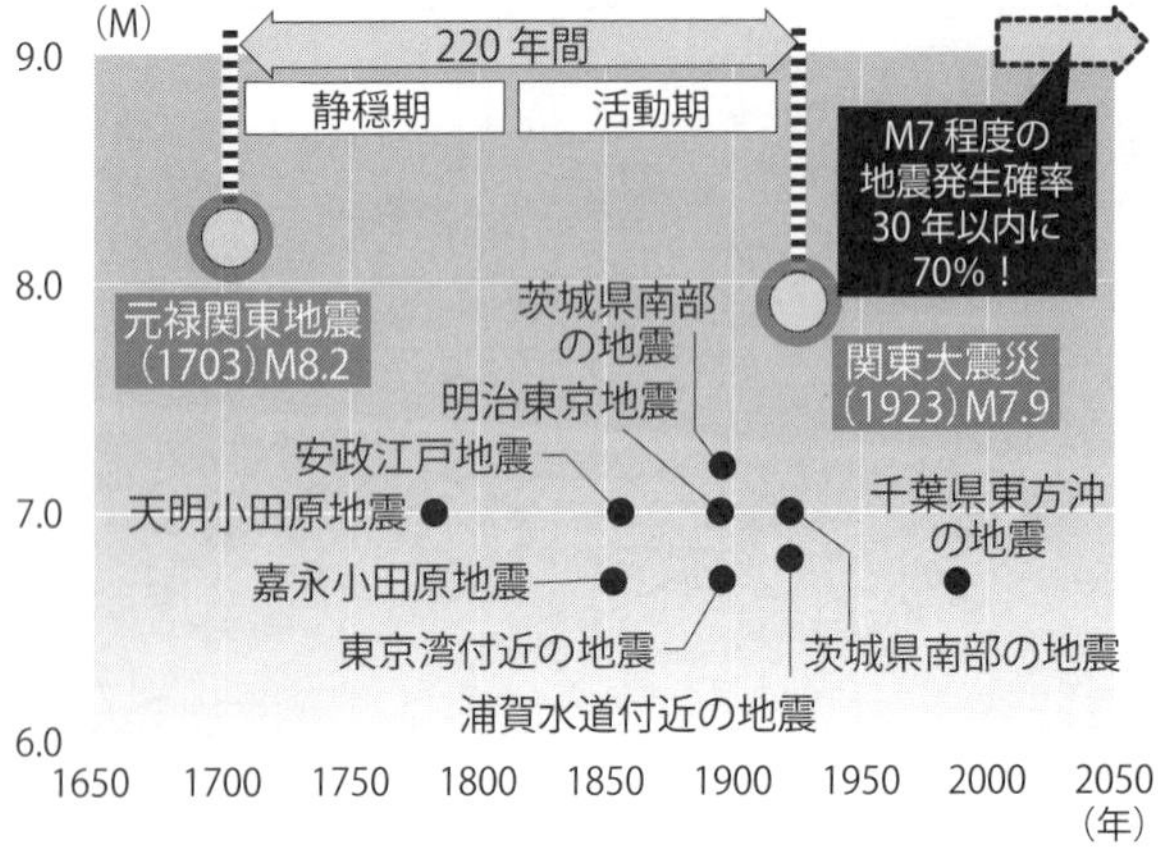

いずれも海溝型の巨大地震であり、関東大震災は元禄関東地震の再来と考えられている。

また両者を挟む二百二十年間に、八つの地震が現在の首都圏を襲っている（図1－4－3）。政府の地震調査委員会はこの間を一つのサイクルとして、将来のM7クラスの大地震の発生確率を予測した。8回の発生から単純計算すると二十七・五年に1回起きていることになり、「今後三十年以内の70％」という発生確率が導き出されている。

さらに二百二十年間の地震活動を見ると、前半が「静穏期」後半は「活動期」となっている。前半の百年間では天明小田原地震（一七八二年）しか起きていないが、後半では一八九四年から翌年に3回、また関東大震災の前年とその前年に大地震が2回発生した（図1－4－3）。このように、過去に起きた地震のサイクルから、これから後半の活動期に入ると考えられる。

首都圏一極集中の危険性

現在の首都圏では人と資本の一極集中が加速し、総人口の3分の1にあたる4400万人が一都三県に暮らしている。関東大震災の最大の教訓は、都市で地震が発生すると必ず火災が広がる点である。関東大震災では住む家を失った人が膨大な数にのぼり、100万人を超える避難者が出た。これは東京市の人口の40％に当たり、上野公園には50万人が避難した。

都市災害の危険性は大正時代と比べると現在の方がはるかに大きく、耐震補強を施すことで建物の倒壊を最小限に防がなければならない。広域で長期のライフライン停止だけでなく、膨大な数の帰宅困難者と避難者の発生、深刻な物資不足など、百年前よりも一層の防災対策が求められている。これについては1－6節で改めて取り上げる。

地震は自然現象だが震災は地震が引き金となって人間が起こすものである。すなわち、震災の規模は震源の場所やマグニチュードの条件だけでなく被災する人間側の条件が大きく左右する。

実は、首都圏にはもう一つ大きな危機が迫っている。関東大震災と同様の大きな被害をもたらす「東海地震」も、江戸時代の安政《あんせい》東海地震（一八五四年）以来百七十年以上起きていない。

「過去は未来を解く鍵」という見方で地震の履歴を振り返ると、元禄関東地震の四年後に南海トラフ巨大地震の一つである宝永《ほうえい》地震（一七〇七年）が発生した。これはM9クラスの巨大地震であり、二〇三〇年代に発生が確実視されている。東海地震などがほぼ同時に三連動で発生する南海トラフ巨大地震については、第2－1節で改めてくわしく解説する。

ここで今後の地震予測の要点をまとめておこう。首都圏の周辺で起きる巨大地震を大局的に捉えると以下のようになる。二〇一一年に東北沖で起きた東日本大震災以後、房総沖の地震や三陸沖のアウターライズ地震を警戒する必要がある。

また不安定になった内陸の地盤は、首都圏で関東大震災の再来という形でストレスを解放し、最後に南海トラフ巨大地震が襲ってくるシナリオが見えてくる。もちろんその通りに進行するかどうかはわからないが、都市型の激甚災害に警戒を怠ってはならない。

1-5節

いつ起きてもおかしくない首都直下地震

首都圏では地震が頻発しているため不安が広がっているが、最大の懸念は「首都直下地震」と呼ばれる激甚災害である。首都圏の下では北米プレート、フィリピン海プレート、太平洋プレートという3枚のプレートがひしめき合っており、世界的にも地震の起きやすい変動帯にある（図はじめに、及び図1-2-3を参照）。

これらのプレート境界が激しくくずれたり、またプレートの内部が大きく割れたりすることで、五つの異なるタイプの地震が発生する。これらをまとめて首都直下地震と呼んでいるが、起きる深さやメカニズムは多岐にわたるため地上での被害もさまざまである。

国の中央防災会議は首都直下地震がどこでどのように起きるかを具体的に予測してきた。首都圏を襲うM7クラスの大地震は、大きく分けると3種類ある（図1-5-1）。まず一つ目が大田区地下を震源とする「都心南部直下地震」など、都心を震源とする直下地震である。ここではM7・3という最近の日本列島で経験した最大値が想定されている（図1-5-1のタイプ①）。たとえば、一九九五年に神戸市内を中心に発生したM7・3の阪神・淡路

図1-5-1. 首都直下地震を起こす3つのタイプ

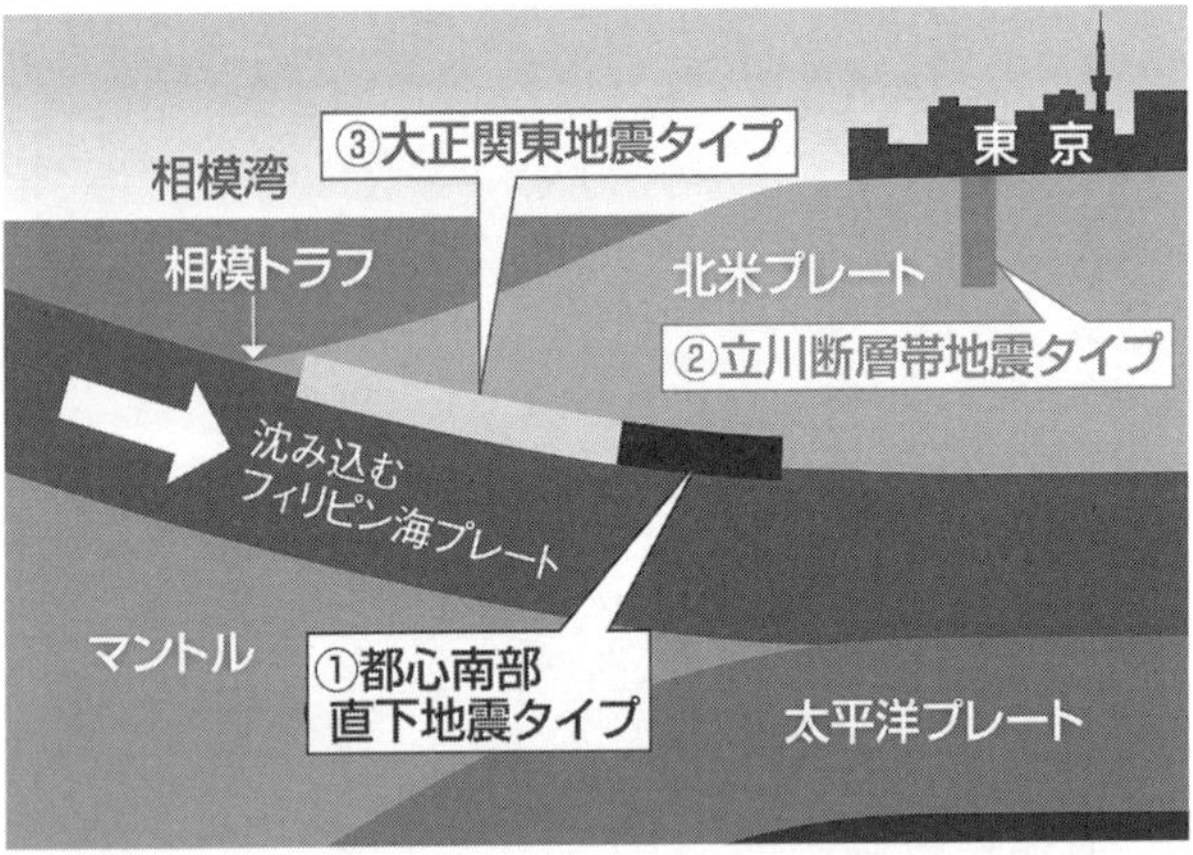

大震災は６４００人以上の犠牲者を出した。

「都心南部直下地震」では最大震度7の揺れが起きる。なお、震度7とは気象庁の定めた震度階級で最大のもので、阪神・淡路大震災のほか新潟県中越地震（二〇〇四年）、熊本地震（二〇一六年）、北海道胆振《いぶり》東部地震（二〇一八年）、能登半島地震（二〇二四年）などでも記録され、いずれも多数の死者を出した。都心でこのような地震が今後三十年間で起きる確率は約70％と予測されている。

　首都圏を襲う直下型地震で2番目に懸念される地震は、地上に確認された「活断層」が動くものである。東京都府中市から埼玉県飯能《はんのう》市にかけて長さ33キロメートルの「立川断層帯」（箱根《はこね》ケ崎《がさき》断層とも呼ばれる）がある（図１－５

－1のタイプ②)。

ここで予想される地震の規模はM7・4で、今後三十年以内に立川断層帯で地震が発生する確率は0・5～2％と予測されている。これは一生のうちに台風(0・5％)や火災(2％)で被害を受ける確率と近い。

また、立川断層帯は一万年から一万五千年の周期で動いてきたが、最後に動いた時期は二万年前から一万三千年前である。つまり立川断層帯は最後に大地震を起こしてから1サイクルの周期が過ぎているように推測される。

銀行預金にたとえれば、「満期」に近い状態で、いつでも起こりうる状態にある。時期の予測は地質学者が懸命に調べても、こうした誤差を含んだ状態でしかわからないものなのである。

東日本大震災以来、内陸にある活断層の活動度が高まっている。1－1節で述べたように東日本大震災を起こしたM9・0の巨大地震によって、日本列島全体の地盤が東西方向へ引っ張られるようになったからである。以前とは異なる余分な力が地面にかかるようになったため、首都圏の活断層も5倍ほど動きやすくなった。

首都圏では活動が高まった活断層は他にもある。神奈川県横須賀市にある「三浦半島断層

図1-5-2. 首都直下地震を起こす19の想定震源域

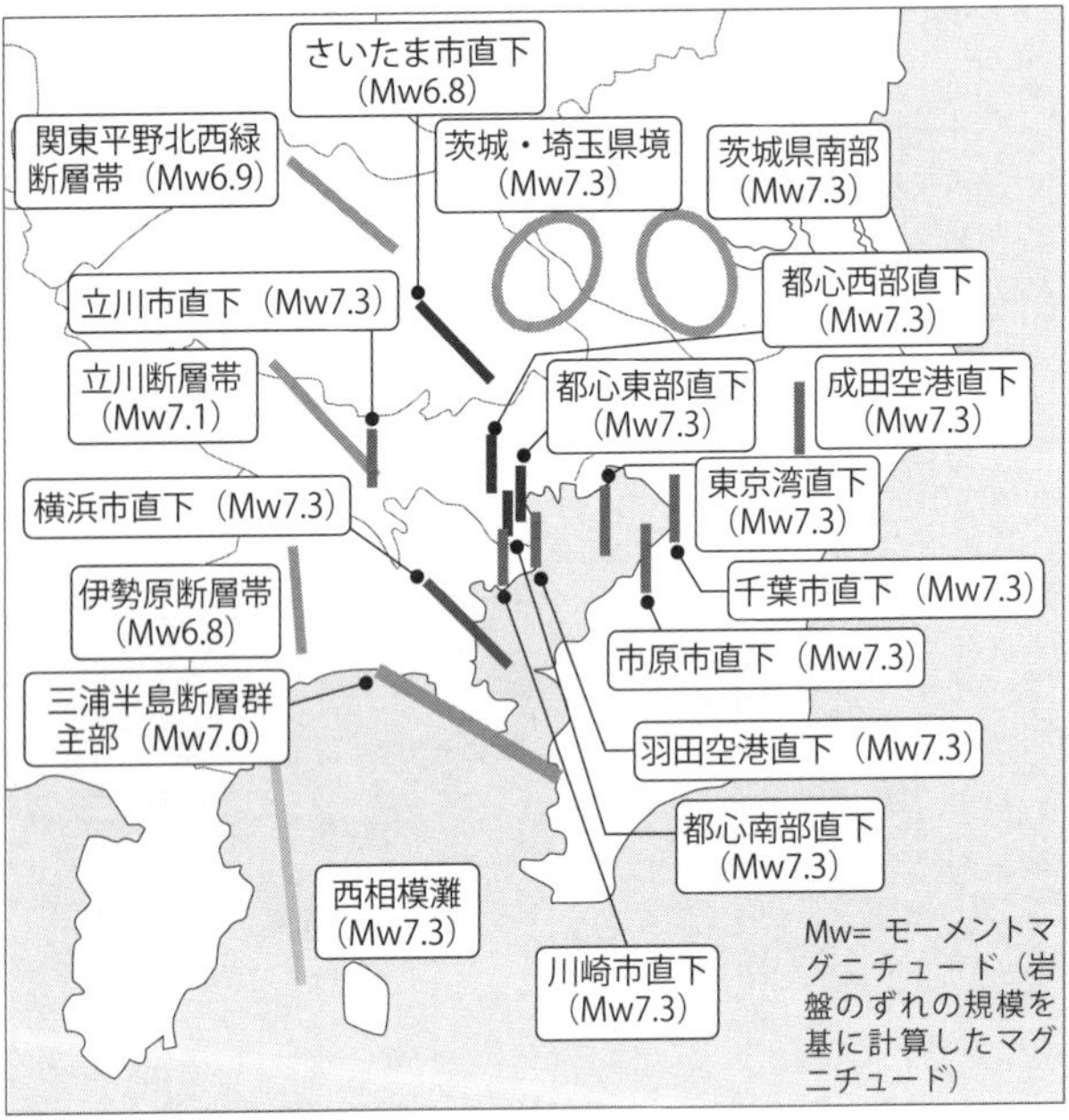

内閣府「中央防災会議」より

群」（図1－5－2）はM7・0の地震が予測され、三十年以内の地震発生確率が6～11％になった。ガンによる死亡（6・8％）や交通事故で負傷（24％）する確率と比べると、おおよその見当がつくだろう。

ちなみに、三浦半島断層群の中にある武山《たけやま》断層帯は、千六百年～千九百年の周期で動いてきたが、最後に動いた時期は二千三百年前～千九百年前である。すなわち、立川断層帯と同様に、こちらも「満期」の状態とみなしても差しつかえない。

図1－5－1に示したタイプ③は、北米プレートの下に沈み込むフィリピン海プレートが引き起こす地震である。一九二三年に起きた大正関東地震がその例だが、首都直下地震として警戒すべきものに含まれている。

これらのタイプの直下型地震に関する大事なポイントは、活断層が動く日時を前もって予知するには、現在の地震学では科学的に有効な手法がないということである。言わば「ロシアン・ルーレット」の状況にあり、いつ起きても不思議はないと覚悟して首都圏に住まなければならない。

液状化と地盤流動

首都直下地震では脆弱《ぜいじゃく》な地盤が、強震による被害をさらに増大させる問題が指摘されている。たとえば、葛飾《かつしか》区や江戸川区の地下には沖積層《ちゅうせきそう》と呼ばれる若くて軟らかい地層が厚くたまっている。

こうした沖積層は水分を多く含むためたちまち「液状化」を起こし、泥水を噴き上げて水田のようになる。

図1-5-3. 液状化の起きるメカニズム

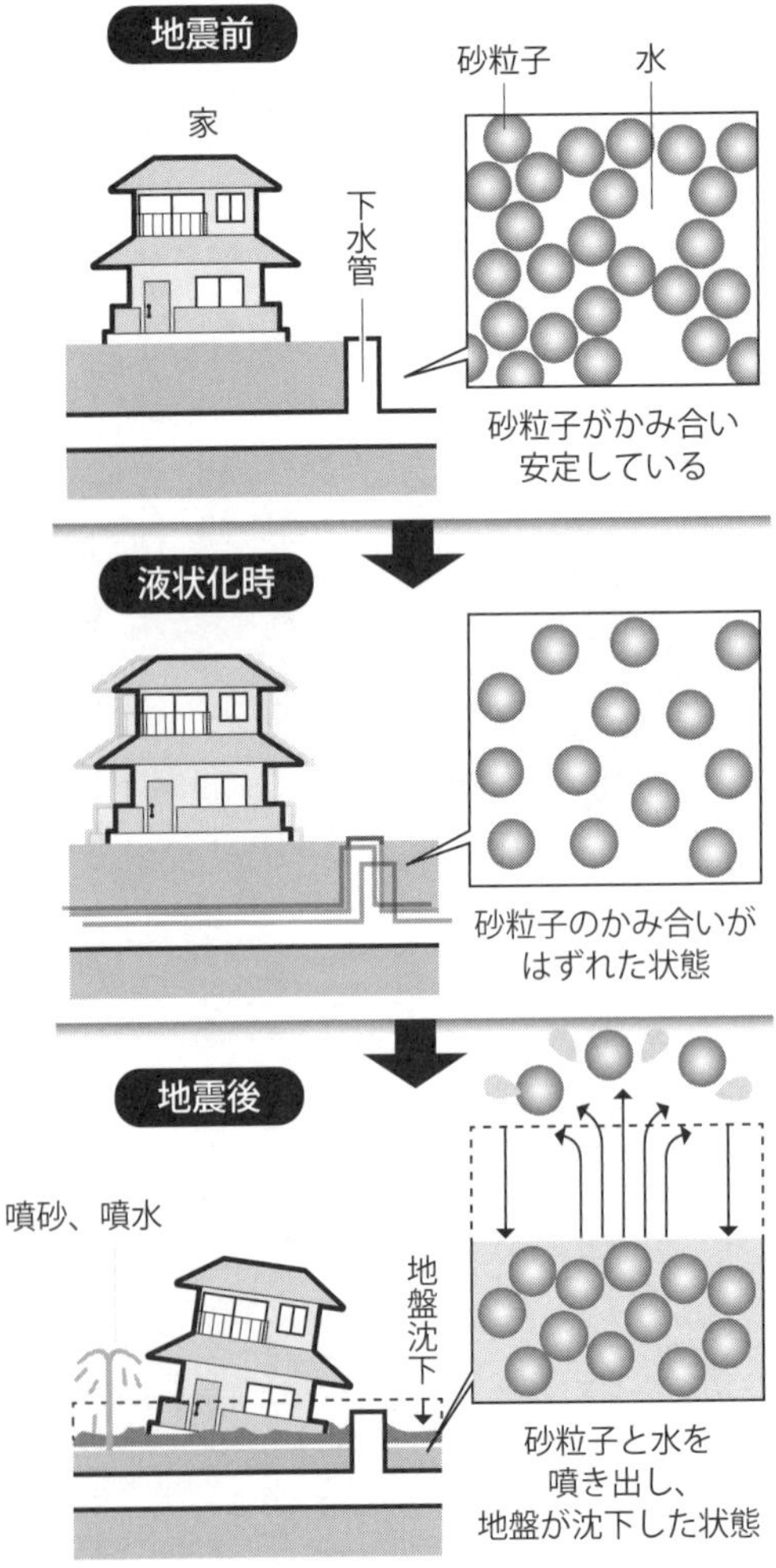

図1-5-4. 1995年の阪神・淡路大震災で発生した神戸市内の地盤の側方流動

鎌田浩毅撮影

　ここで液状化について簡単に説明しておこう（図1－5－3）。地面は砂粒・水・空気などでできており、普段は砂粒がかみ合って安定している。ところが地震によって強く揺すられると、砂粒のかみ合いがはずれてバラバラになる。この結果、砂粒が沈んで、砂まじりの水が噴き出してくる。

　これを地面の裂け目から噴き出すことから「噴砂《ふんさ》」と呼ぶが、噴砂は揺れの直後から発生する。液状化は海岸や川のそばの地盤がゆるい場所で起き、建造物を傾かせ地盤沈下を起こす。また、マンホールなど地中に埋設されたものが地上に浮き上がり、道路が使えなくなる。

さらに、強度を失った地盤は、地形の微傾斜にそって横方向へずるずると大規模に流動することがある。「地盤の側方《そくほう》流動」と呼ばれる極めて破壊的な現象であるが、これによって建物ごと何十メートルも水平にゆっくりと移動するのである（図1－5－4）。

東京東部の海抜ゼロメートル地帯では、地盤の側方流動によって川の堤防がズタズタに決壊する恐れがある。いったん侵入した水は低所を目指して一気に流れ込むので、一刻も早く高所へ避難しなければならない。なお、こうした被害予測は東京都と内閣府の防災ホームページでハザードマップとして公表されているので、ぜひ確認していただきたい。

大量の災害廃棄物が発生

首都直下地震などの大地震が起きた後の復旧作業では、必ず大量の災害廃棄物が出る。環境省の作業チームは、首都直下地震で発生する災害廃棄物の総量を最大で約1億1000万トンと推計した。首都直下地震の経済的な被害総額が95兆円となり、東日本大震災のほぼ5倍であることを考えると、東日本大震災で出た2000万トンの災害廃棄物の5倍をしのぐ量である予測も十分に納得がいく。

もう一つ深刻な課題が進行中である。時間の経過とともに各地のインフラが老朽化し、以前なら地震に耐えた建築物でも損傷する恐れが出ている。たとえば、二〇二一年十月に東京都と埼玉県で最大震度5強をもたらした直下型地震では、同じ場所で発生した二〇〇五年の地震では起きなかった水道管の破裂などが多発した。前回の地震から十六年が経過し、インフラの老朽化が確実に進んだことで被害が増大したと考えられる。

阪神・淡路大震災では、建築基準法の耐震基準が強化された一九八一年以前の建築物に甚大な被害が広がった。この耐震基準は震度5強程度の中規模の地震に対してほとんど損傷を生じないことを目安に改定されたが、震災から三十年近く経過した現在も、この基準を満たさない不適格建築物が数多く残っている。

もし首都直下地震の発生が十年後であるとすれば、この十年間に準備が進む意味ではプラスだが、同時に基盤インフラの老朽化が着実に進むことにも注意を向ける必要がある。東日本大震災より5倍多い災害廃棄物が発生することを考え、早急に首都圏にある木造建造物の耐震化を進める必要がある。日本の総人口の約3分の1に当たる約4400万人が暮らす首都圏の企業・自治体・住居にいる一人ひとりが我が事として認識し「減災」に取り組まなければならない。

コラム3

地震計の仕組み

地震は地下の岩盤が広範囲にわたって割れることにより発生する。たとえば、プレートとプレートの境では岩石が固着しているが、このような固着域が破壊されて「断層」ができるときに、地震が発生する（図コラム3－1）。

断層とは、地下の変動（地震）によって、本来は一続きだった岩盤や地層に割れ目が入ったものを言う。この割れ目に沿って、両側の岩石が互い違いに移動する。ここで生じたずれ（破壊）は地震が終わった後も長く残るのである。

断層で割れた岩盤の面積が大きければ大きいほど、発生する地震の規模が大きくなる。その結果、地上も大きく揺れ、建物や人に与える被害も大きくなるのである。こうして断層で割れた面が広域の震源域になる。

実は、地震は「震源」となる断層面の一点で起きる（図コラム3－1）。震源とは地下で最初に岩石が割れて地震を起こしはじめた場所を指し、ここから岩盤のずれが生まれるのである。この震源からずれ（破壊）が四方八方へ拡大してゆき、岩盤を面的に割ってゆく。

図コラム3-1. 震源と地震波。矢印は断層面を境として上下の岩盤がずれながら動く方向を示す

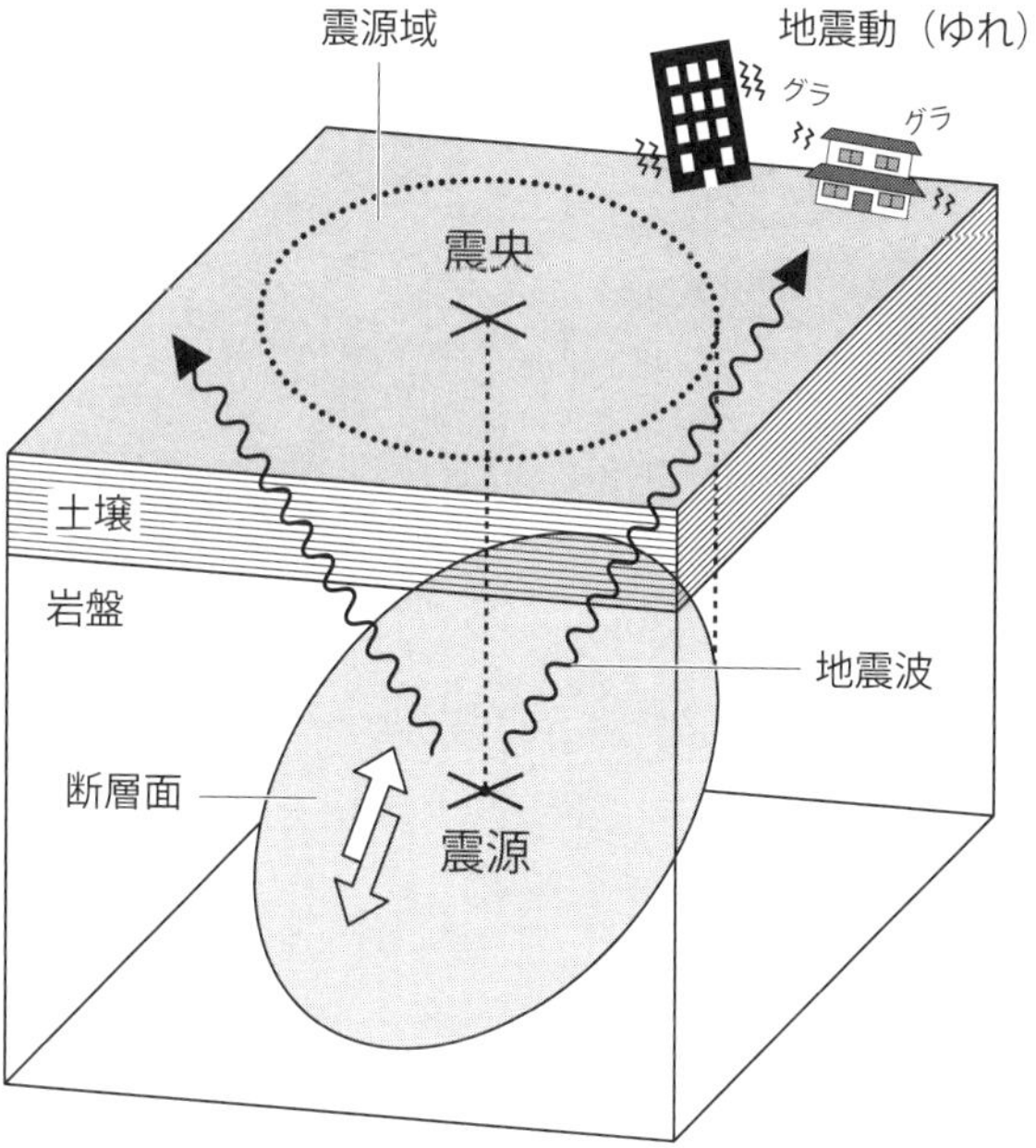

すなわち、ある広がりを持って割れた場所が、面積を持った領域という意味を込めて「震源域」と呼んでいる。具体的には、震源域とはその中心に震源を持ち、断層面を三次元で表したものである。そして震源域の端では岩盤のずれは小さくなり、やがてずれがなくなる。ここまでが震源域の領域である。

さて、ずれがゼロとなった場所から、今度は

図コラム3-2. 地震によって発生する縦波と横波

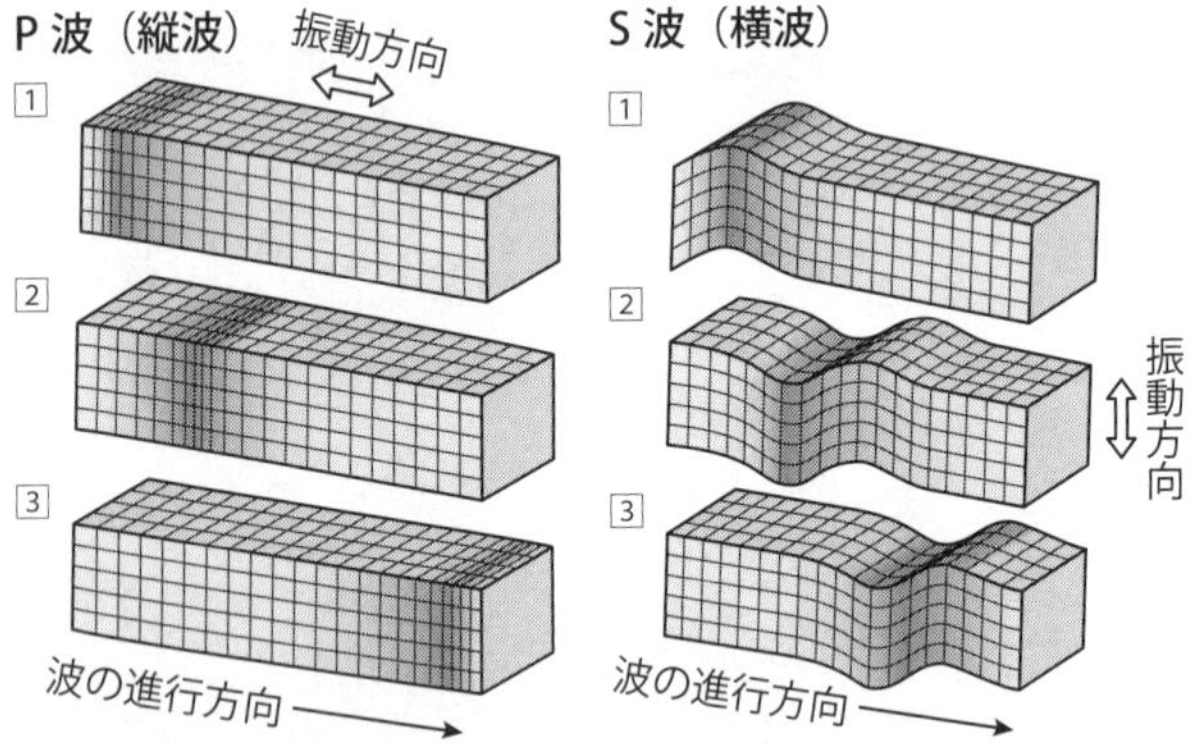

「地震のエネルギー」が波となって周囲へ伝わる。これが「地震波《は》」と言われるものである（図コラム3－1）。

地震波には縦波と横波の2種類があり、それぞれ速度が異なる（図コラム3－2）。縦波は秒速7キロメートルと速く、横波は秒速3キロメートルである。したがって、同じ震源域から波が発生しても、縦波は横波よりも先に地上へ到達する。

まとめると、地下で発生した断層のずれ現象が地震の原因であり、そこから地震波が地上までやってきて、揺れ＝地震動として観測されるのである。

地震はどうやって測るか

図コラム3-3. 地面の揺れを三次元でとらえる地震計の仕組み

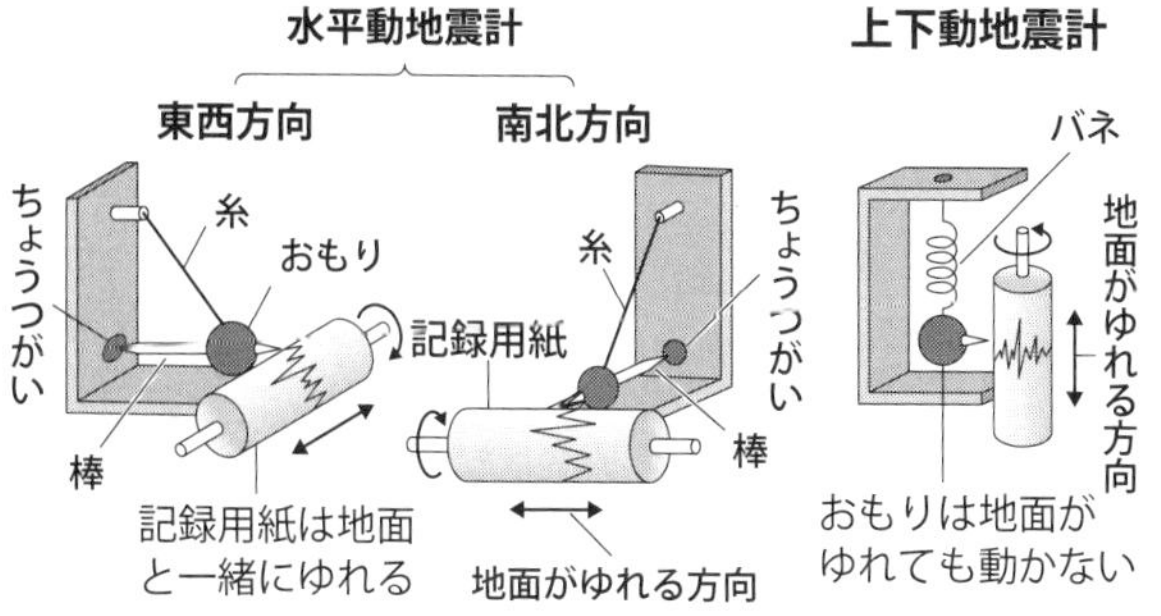

地上にやってきた地震の揺れは、「地震計」という計器で測定する。地震が起きると地面が揺れてしまうので、動いている地上で揺れを記録するにはちょっとした工夫が要る（図コラム3－3）。

いま揺れているものを測ろうと思ったら、揺れていない場所を見つける必要がある。その不動の場所と比べて、地面がどのくらい揺れているかを測定する。実際には不動点というのは地球上に存在しないので、限りなく不動に近い場所を空中に作る。

ある場所に柱を立てて、上から糸を垂らしておもりをぶら下げる。糸を吊《つる》している柱は地面にくっついているから、一緒に左右に揺れる。しかし、おもりはすぐには動かないので、糸の下で揺れるように振動する。

これを地面に立っている人から見ると、振り子のようにおもりが左右に動くように見える。ここで、おもりにペンを付けておき、紙を当てておけば、おもりの振動を記録することが可能である。こうして地面の揺れを相対的に記録するのが地震計のしくみである。

地球上に存在しない不動点を、糸に吊したおもりという方法で近似的に作りだしている。実際には、東西方向と南北方向の直交する2方向で揺れを計測する（図コラム3－3）。これを「水平動地震計」という。

また、地面は横方向に揺れるだけでなく、縦方向にも揺れる。これを測定するものが「上下動地震計」である。水平動を測るには振り子を用いたが、上下動を測定するためには鉛直《えんちょく》振り子（バネ）を使う。こうして、地震の揺れは、東西方向、南北方向、上下方向という三つのそれぞれ直交する方向で測定する。これを地震の「揺れの3成分」という。

さて、振り子の動きは、現在では紙に記録するのではなく、電子的に観測されている。2個の水平振り子と1個の鉛直振り子の動きを、ひと組のセンサーを用いて電気的に記録する。こうした信号は地震計からケーブルを使って観測所へ送られる。時には、電気信号を電波で飛ばすこともあるが、原理はどれもまったく同じである。

こうして得られた地面の動きを、コンピュータ上で合成して見ることができる。地震は東西、南北、上下のあらゆる方向に地面を揺らしながらやってくる。地面が揺れる様子を三次元的に復元することもできる。

1-6節　都市型巨大地震災害

日本はこれまで様々な大震災を経験してきたが、被害の内容は地震ごとに大きく異なる。第1-4節でふれたように一九二三年の関東大震災では犠牲者の9割が地震後に起きた火災で亡くなった。また、阪神・淡路大震災では8割が地震直後に起きた建物の倒壊によって亡くなり、東日本大震災では92％が巨大津波による溺死だった。

大都市を襲う直下型地震での最大の問題は、建物倒壊など直接の被害に留まらず、火災など巨大災害を引き起こす点にある。大正時代と比べると現在の方が、複合型の危険性ははるかに大きい。

国の中央防災会議は、首都直下地震が、冬の風の強い日（風速8m／s）に、夕方の六時に都心南部を震源として発生する場合を最悪のケースと考え被害想定を行った。それによれば犠牲者は最大２万３０００人、全壊または焼失する建物は61万棟にのぼると想定し、経済的損失は間接的な被害も合わせると１４２兆円にもなるとしている。また、首都直下地震の犠牲者総数の７割に当たる１万６０００人が火災による死亡と試算した（30ページの試算を参照）。

減災の第一のポイントは、直下型地震の後に必ず起きる大規模な火災への対策である。高層ビルが多い都心部では、ビル風によって竜巻状の炎をともなう火災が次々と発生し、地震以上の犠牲者を出す危険性がある。

人口密集地域の直下で起きた地震では、強震動による建物倒壊など直接の被害に留まらず、火災をはじめとする複合要因によって災害が拡大する点が問題となる。

首都圏の震度分布図を見ると、下町と言われる東京23区の東部では地盤が軟弱なために建物の倒壊などの被害が強く懸念される（図１－６－１）。これに対して東京23区の西部は東部に比べると地盤は良いが、木造住宅が密集しているために大火による災害が想定される。

こうした地域は「木造住宅密集地域」（略して木密《もくみつ》地域）と呼ばれ、防災上の最重要課題の一つとなっている。具体的には、環状６号線と環状８号線の中に挟まれている、幅４メート

図1-6-1. 首都直下地震で全壊する棟数の予測

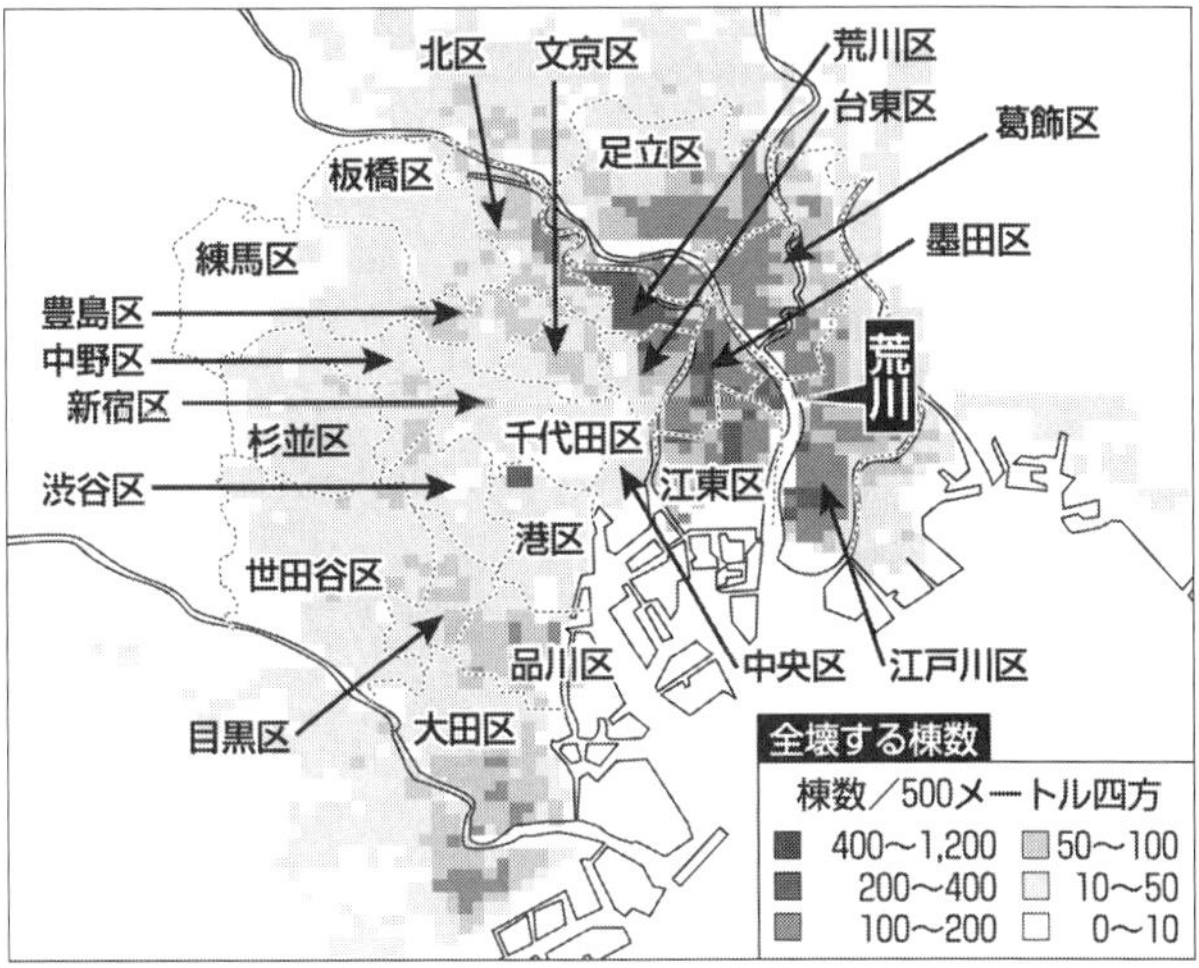

内閣府の資料による

ル未満の道路に沿って古い木造建造物が密集する地域が、最も危険である（図1－6－2）。

東京都が二〇二二年五月に十年ぶりに改定した首都直下地震の被害想定では大規模な火災に関する対応が重要な課題とされた。一九二三年の関東大震災では10万5000人以上が死亡したが、前述のようにその約9割が次に述べるような「火災旋風《せんぷう》」を引き起こした火災による犠牲者だったからである。

木造家屋が倒壊した地域で局所的に発生した火災が、周辺から空気を取り込むことで急激な上昇気流が発生する。これが次々と増幅されて最大200メートル

図1-6-2. 都心南部直下地震で焼失する棟数の予測

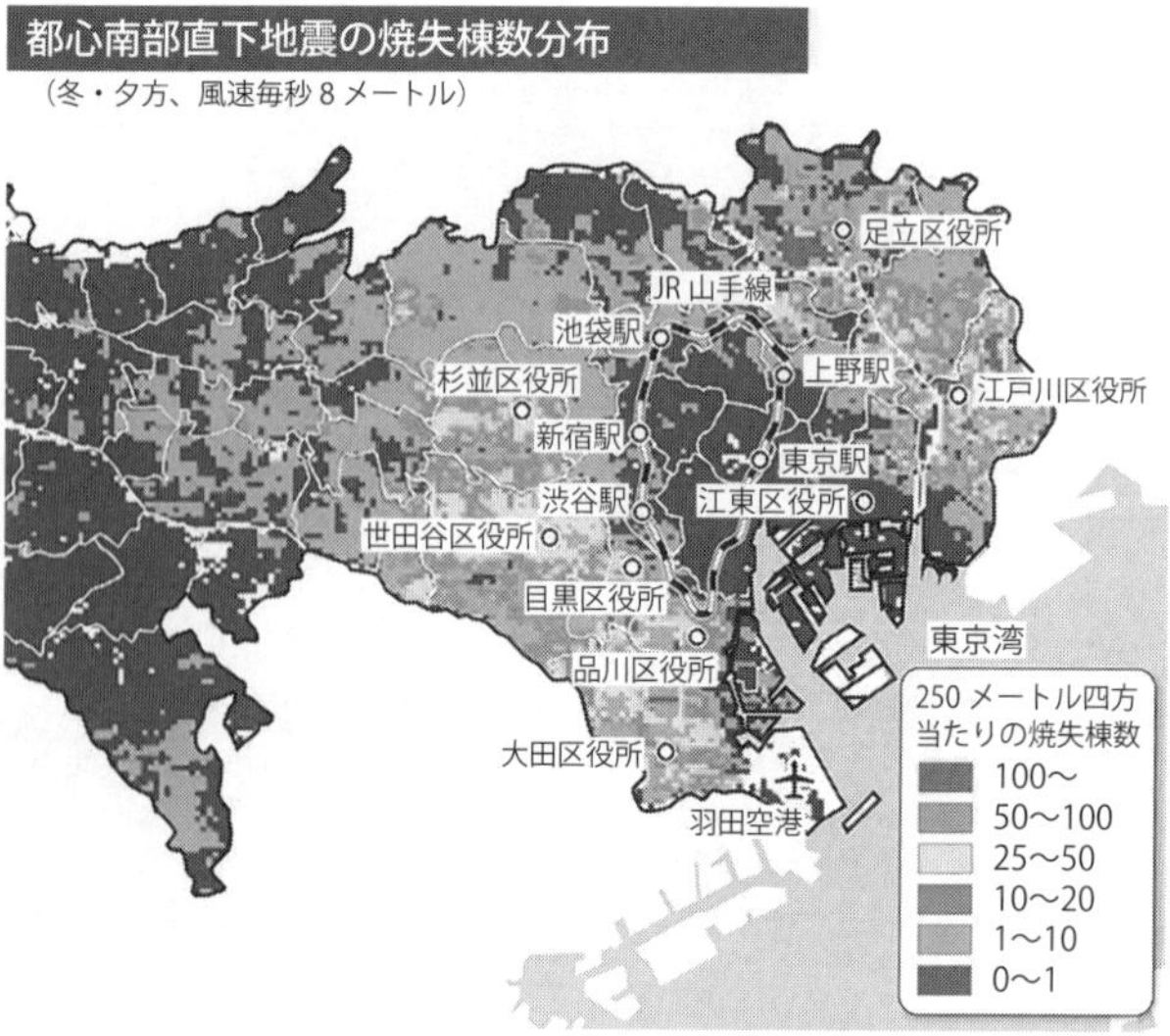

内閣府の資料による

以上の巨大な火炎をともなった渦になる。ちなみに、この高さは東京・新宿にある都庁舎に匹敵するが、火柱のように炎が渦を巻いて高く立ち上ると事実上消火活動は不可能となってしまう。

また、火災は地震が止んでしばらく経った後にも発生する。たとえば、停電後に電力が復旧してから起きる「通電火災」がある。地震によって散乱した室内で電気ストーブや照明器具に自動的に電気が通り、近くにある可燃物に着火する場合がある。通電火災は阪神・淡路大震災や東日本大震災において、火災による二次災害が頻発したことでその原因として注目された。

首都圏の木密地域では他の地域に比べて延焼の可能性が高い。もし延焼が拡大すると約三日間は断続的に燃え広がり、焼失棟数が想定以上に増加すると指摘されている。したがって、個人による消火が困難と判断したら、直ちに安全な場所へ避難しなければならない。

木密地域に住んでいる場合には、その外側までの避難が望ましい。地域一帯が火の海と化してしまう前に退避するのが肝要である。すなわち、一番近くの避難所にも火が回って、火災旋風に襲われるリスクを考えておく必要がある。

木密地域は関東大震災当時と比べて減ったとはいえ、首都圏にはまだたくさん存在する。地震を生き延びても、つぶれた木造家屋に火が回って命を落とす可能性はまだ残っている。東京都は首都直下地震が起きた場合に最大で９１５件の火災が発生すると想定している。

湾岸地域特有の火災リスク

東京湾の沿岸には工業地帯特有の火災リスクがある。林立する石油タンクからの油漏れによる爆発や火災が起こる恐れがある。東京湾を震源とする直下型地震が起きた場合、液状化によって石油タンクが沈み込み倒壊する可能性がある。また直下型地震によって想定されている津波が押し寄せると、液状化で倒壊したタンクから油が広範囲に流出する恐れがある。

石油タンクの屋根が液面の揺れ（スロッシング現象。43ページ参照）によって破損すると、容器内の液体が外部へ溢れ出ることがある。たとえば、東日本大震災では宮城県気仙沼《けせんぬま》湾を津波が襲った後に流出した重油や軽油が炎上して二日間燃え続けた。東京湾にはこうしたスロッシングにより溢れ出やすい浮き屋根式タンクが約６００基あり、首都直下地震が起きた際の油漏れによる海上火災の発生が懸念されている。

さらに、多数の化学コンビナートが林立する東京湾は、発火性の危険物質の漏洩《ろうえい》や有毒ガスの発生によって広範囲で避難が必要になることが予想される。港湾内で火災が発生すると海面に流出した燃料に引火し、陸上の大規模な火災へ発展する可能性もある。首都直下地震ではこのように、強震動による建物倒壊など内陸部の直接の被害にとどまらず、湾岸地域に特有の複合災害も警戒しなければならない。

帰宅困難者800万人

人口の密集した都市部の直下型地震では、地震発生後の間接的な人的被害が大きな問題となる。地震がいったん収まると家路に就こうとする人々が道路を埋め尽くす。ところが車道には車が渋滞し、歩道も人で溢れかえっている。

こうしたとき、多数の人が押し合うことで将棋倒しになる「群衆雪崩（なだれ）」が起きる。人が密集した場所で一人が倒れることで周りがなだれを打つように転倒してしまう現象である。転倒した人の後ろや左右から次々と人が引き込まれて大勢が圧死する（図1－6－3）。

図1-6-3. 群衆雪崩（なだれ）の発生メカニズム

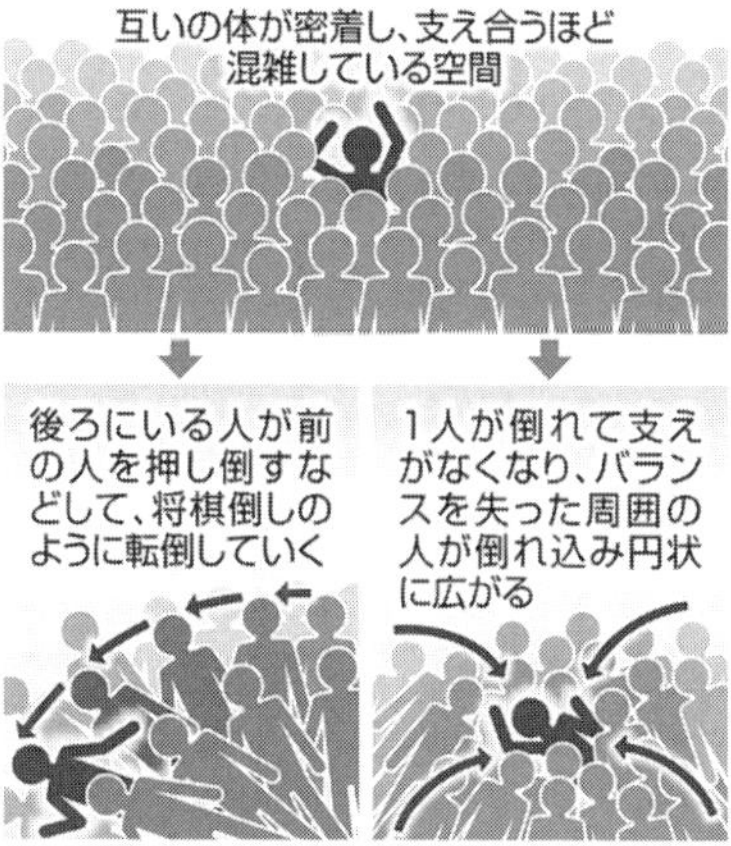
互いの体が密着し、支え合うほど混雑している空間
後ろにいる人が前の人を押し倒すなどして、将棋倒しのように転倒していく
1人が倒れて支えがなくなり、バランスを失った周囲の人が倒れ込み円状に広がる

廣井悠教授による図を一部改変

これを防ぐためには、地震直後にできるだけ移動せず人の密集に加わらないことが肝要である。被災したとき駅などへ向かわず、職場や自治体が指定した「一時滞在施設」などに避難することも考えた方がいい。

首都直下地震の発生後に、約800万人と予想される「帰宅困難者」を減らす工夫が喫緊の課題なのである。ちなみに東日本大震災時に震度5強を被《こうむ》った東京周辺では、515万人の帰宅困難者が出ている。

これに対しては別の対策が考えられている。多くの企業や官庁は数日間は従業員が帰らなくても生き延びられるよう食料と水と簡易トイレを備蓄している。家族に安全だという一報だけ入れ、職場の建物に数日間留まるのが望ましい。助かった人は、職場のけがをした人を助けることもできる。

よって、地震に遭ったときには、まず助かったことを家族や知人に伝える。震災直後には何百万人という人が一斉に電話をかけるため、通信回線のパンク（いわゆる輻輳《ふくそう》）が起きる。これを避けるには、遠くの第三者に電話して安全を伝えるとよい。田舎の両親でも共通の知人でも、平常時に情報の迂回《うかい》路を用意しておきたい。

また地震をやり過ごした後でもスマホの電池切れは何としても避けなければならない。数日間は電気がストップし、まったく充電できないことを予想しておこう。乾電池で充電する器具を用意するのもよいが、一番確実なのは毎朝充電が完了したスマホを持って家を出ることを心がけることだ。

避難所生活者290万人

首都直下地震では地震直後に約720万人が避難し、そのうち290万人が避難所生活を余儀なくされると試算されている。ちなみに、阪神・淡路大震災では32万人、また東日本大震災は47万人が近くの学校などに避難し急場を凌《しの》いだ。

一方、首都直下地震の290万人や南海トラフ巨大地震の460万人のように、これから起きる巨大災害では桁違いの避難者数が予想されている。収容力を超えた避難所では、水や食料だけでなく医薬品など全ての物資が不足する。そして当初予定していた体育館や教室だけではなく、避難所の周辺も避難者で溢れかえる可能性がある。

さらに震度7の地震が収まった後のライフラインや交通への影響も甚大である。上下水道や電気の停止が長期化し、一般道では激しい交通渋滞が数週間ほど継続する。鉄道は一週間から一か月程度にわたり運行できないだろう。加えて食料や水などの生活物資とガソリンや灯油などの燃料が不足した非常時が長期間続くことを想定しなければならない。

百年前に発生した関東大震災以後、首都圏では人とモノ、そして資本の一極集中が加速しさらに留まるところを知らない。関東大震災で得た最大の教訓は、大都市で地震が発生すると必ず火災が広がるという点であった。さらに木密地域では耐震補強を施すことで倒壊を最小限に防ぐ必要があり、沖積層の軟弱地盤地域やウォーターフロントでは、長周期地震動に対する建造物の対策が喫緊の課題となる。

首都直下地震では広域で長期のライフライン停止が予測される。膨大な数の帰宅困難者と避難所生活者の発生、また発災後の深刻な物資不足などについて、百年前よりも一層の防災対策が求められる。

都市型の巨大地震災害に対する防災対策は始まったばかりと言っても過言ではない。首都直下地震の発生は十年後になるかもしれないし、明日かもしれない。よって過密都市に起こり得る「最悪の事態」を事前に想定し、能登半島地震など近年頻発している直下型地震を教訓にしっかりと備えていかなければならない。

東京都の「地域危険度一覧表」

二〇二一年十月七日に首都圏で最大震度5強を記録した地震は、東京国際空港と千葉県浦《うら》安《やす》市で長周期地震動を観測し、室内の棚にある食器や本棚の本が落ちるほか、高層階では物につかまらないと歩けない事態となった。

首都圏をなす東京・埼玉・千葉・神奈川の1都3県には日本の全人口の約3割に当たる4400万人が暮らし、名目GDPでも日本全体の32％に達する。ここで発生する激甚災害の

「首都直下地震」に対して東京都は「地域危険度一覧表」を公表している。

地震による直接的な建物倒壊、間接的に発生する火災による延焼、発災後の避難救助に対する困難度という3点による危険度を数値化し、ランク1から5の5段階で分類されている。

危険度が最も高いランク5は荒川区、足立区、墨田区、江東区など東部の6区を中心として表示され、そのほか中西部の中野区や杉並区にも「ランク4〜5」の地域が出た。

危険度の原因をくわしく調べると、1番目の「建物倒壊危険度」に関しては直下型地震で生ずる揺れへの地盤と建造物の抵抗力が関わることがわかる。具体的には、東京下町の河川の土砂が埋めた沖積地では地盤が軟弱で、地震動が増幅されやすい。同様にウォーターフロント沿いの埋め立て地も液状化などが起こりやすい。

また建物倒壊を左右する建造物の耐震性については鉄筋の有無や建築年数などで左右され、たびたび改定されてきた建築基準法の施行時期前後によっても大きく変わる。

2番目の「火災危険度」は、出火しやすさと延焼の危険性から決まる。消防車が通行できない狭い道路や耐火性能の低い住宅が残っている地域であるほど、危険度は上がる。前述の通り一般に東京23区の西部は東部に比べると地盤は良いのだが、環状7号線の周囲などに見られる木密地域がこれに当てはまる。

3番目の「災害時活動困難係数」は、危険地からの避難や消火活動が難しい度合いに比例する。公園など活動有効空間が足りない地区が危険なのだが、狭い道路が残る杉並区や世田谷区の住宅地などが相当する。

この危険度ランクは五年ごとに更新されており、二〇一八年二月に東京都が公表した図を前回の二〇一三年と比べると、建物倒壊の危険度は2割、また火災の危険度は4割低下した。地域危険度一覧表に表示される危険性とともに、首都圏に林立する高層ビルやタワーマンションの安全性が問題となっている。

首都直下地震の経済被害総額1001兆円

政府の地震調査委員会は今後三十年以内にM7クラスの首都直下地震が発生する確率を70%程度としてきたが、それを受けて二〇二四年三月に土木学会の小委員会（委員長、藤井聡・京都大学教授）は首都直下地震が起きた場合に、復興するまでの長期的な経済と資産の被害が総額1001兆円に上るとの推計を発表した。土木学会は六年前に778兆円としていたが、その後の研究成果を踏まえて3割近い上方修正を行った。

１００１兆円の内訳は、国内総生産（ＧＤＰ）の損失を表す経済被害９５４兆円、また被災した建物などの被害額を表す資産被害47兆円である。経済被害は具体的には道路・港湾・生産設備の長期的な損壊による被害である。

このほか国や自治体の財政収支の悪化を表す「財政的被害」が３８９兆円生じると推計した。具体的には、発災後の復興費３５３兆円と税収減36兆円を合わせた財政赤字の増加を意味する。

これまで内閣府は、首都直下地震による犠牲者を最大２万３０００人、経済被害を１４２兆円と推計してきた。これに対して土木学会の推計は、二十年間の長期的な経済への被害も算出したもので大きな開きが出ている。

ちなみに、土木学会による二十年間の南海トラフ巨大地震の経済被害総額は六年前に１４１０兆円と報告されたが（内閣府は２２０兆円）、新しいデータに基づいて今後見直しを行う予定とされる。

このほか太平洋沿岸での高潮による経済被害も報告され、東京湾で１１５兆円、伊勢湾で１２６兆円、大阪湾で１９１兆円と推計された。さらに気候変動によって世界の平均気温が２度上昇した場合に、全国１０９の河川で総額５３７兆円の被害が出ると試算している。

こうした経済被害を減らす対策として、道路・港湾の耐震化や堤防建設を行うことによって、首都直下地震で4割、高潮で2～7割、洪水で10割減らすことができると土木学会は提言した。

具体的には、道路網の整備、電柱の地中埋設化、建造物や港湾の耐震化などの公共インフラ整備に21兆円以上を投じることで、経済被害の4割に当たる369兆円を減らせるという。

また復興にかかる期間が約5年短縮されることで、復興費用が137兆円、税収減少が14兆円圧縮され、結果として151兆円の財政効果が生まれると試算した。

第1－5節で述べたように首都直下地震には19か所の震源域が想定されているが、マグニチュード7・3の「都心南部直下地震」が首都の中枢機能を直撃する恐れがある。想定では江戸川区と江東区で震度7、東京・千葉・埼玉・神奈川の一都三県で震度6強の激しい揺れが生じる。

既に述べたように日本地震学会は、首都直下地震を含めて直下型地震がいつどこで起きるかの短期的地震予知は、現在の地震学では非常に難しいと明言した。防災の基本は、いかに事前に準備できるかだが、経済被害に対しては「事前復興」の考え方で対処できる。

実は、「長尺の目」で判断すれば適切な防災投資は費用対効果が高く、財政健全化にも役立つ。いつ起きても不思議ではない首都直下地震に対する「減災」に一刻も早く取り組む必要がある。

私が本で伝えてきたメッセージ①

本書のバックグラウンドを伝えるため、これまで私が本で伝えてきたメッセージを章末にまとめておこう。まず260名以上の犠牲者を出した能登半島地震の発生を受けて緊急出版した『首都直下　南海トラフ地震に備えよ』（SB新書）を取り上げる。

二〇二四年元日に能登半島地震が発生し、東日本大震災以来多数の犠牲者が出ただけでなく現在も復興作業が続けられている（第3章3－1節を参照）。その後も千葉県・房総半島沖で地震が頻発するなど、日本列島周辺の地盤変動が止まらない。

巨大地震と津波が東北・関東地方を襲った東日本大震災から十三年が経ち、多くの人が「日本は地震国」であることに改めて気づかされた。それ以後も熊本地震や北海道胆《い》振《ぶり》東部地震など震度7を観測する大地震が次々と発生し、人々の不安が強まっている。

地学を専門とする私の目からは、未曾有《みぞう》の災害をもたらした東日本大震災は「まだ終わっていない」のである。というのは、日本列島で一千年ぶりに起きた大変動は今も継続中だからだ。

東日本大震災の直後から、地球科学者が「地殻変動」と呼んでいる地盤に対する大きな歪《ひず》みが日本各地で地震や噴火を引き起こしてきた。

ちなみに、私が一般市民や中高生に向けて講演会や出前授業を行うと必ず出る質問がある。「さいきん地震が多いのですが、私の住む○○町は大丈夫でしょうか？」というものだ。

各地で地震が相次いでいるのは事実で、首都圏では震度5強の地震は珍しくなくなってしまった。確かに東日本大震災の前に比べると、何倍も発生回数が増えたのは事実で、多くの人がその原因に興味を持つようになった。

テレビ・雑誌・ネットなどマスコミを通じて、近い将来に首都直下地震や南海トラフ巨大地震は避けられないと伝えられているが、本当はどうなのかを誰もが知りたい。

一方、何度も言われると「オオカミ少年」状態に陥り、日々の暮らしに関係ない情報として埋もれつつある。日本の地下がどうなっているかは誰しも気になるところだが、今ひとつピンとこないのが実情だろう。

私は地球科学、とりわけ火山と地震について五十年近く研究を続けてきた。その中でいくつかの出来事が研究者人生を大きく変化させた。一九九五年一月、６４００人以上の犠牲者を出した阪神・淡路大震災の直後に、活断層の現地調査に出かけたときのことである。

被災された住民の方々から思わぬ言葉を耳にした。「関西には大地震が来ないと思っていたのに……」。実は、その三十年ほど前から我々専門家は、関西にも大地震が来ることを新聞・雑誌・公開講座で伝えてきたはずだった。

神戸こそ活断層に囲まれており、いつ直下型地震が来てもおかしくない場所だ。六甲山地を背後に控えた阪神地域は「近畿トライアングル」と呼ばれる日本有数の活断層地域であると、地質学者は繰り返し説いてきた。

ところが、現実はこの言葉に表れているように、市民にはまったくといっていいほど伝わっていなかった。調査に出向いた私は非常にショックを受けた。「伝える」と「伝わる」には天地ほどの開きがあることを、思い知らされたのだ。いま風に言えば、コミュニケーション・ギャップもしくはアウトリーチ（啓発・教育活動）不全である。

一九九七年に通産省（現・経済産業省）地質調査所から京都大学に移籍して、私の仕事に教育と啓発が加わった。その直後の二〇〇〇年に北海道の有珠山《うすざん》と伊豆諸島・三宅《みやけ》島の二つの噴火に遭遇し、同じような「伝える」問題を経験した。

火山学者の立場から噴火翌日に全国ネットのテレビ番組で解説したのだが、「伝わるべき人には伝わっていなかった」のだ。こんなエピソードがある。

私の解説を視聴した先輩火山学者が「鎌田君、上手に説明できたじゃないか」と電話してきたのに対して、教え子の京大1回生は「先生、何を言いたいのかわかりませんでした」と言った。ここに専門家側の「伝える」問題が如実《にょじつ》に表れていたのである。

こうした出来事は京大という「象牙の塔」に閉じこもって研究を続けてよいのだろうかという疑問を私に抱かせた。もちろん日本の地球科学者は、誠心誠意、日夜にわたり研究と観測を続けているが、その成果が市民にちゃんと伝わっていない。

問題は、専門家サイドが「伝える技術」を持たずに説明しても、肝心のことが市民に伝わっていない点である。ここから私の科学コミュニケーション研究が始まった（後に拙著『京大理系教授の伝える技術』ＰＨＰ新書、としてまとめた）。

阪神・淡路大震災で焼け出された住民の方から差し出されたおにぎりが、今でも忘れられない。「ご苦労さま。頑張って調査してね。研究してね」。一番苦しい中にある人が、何とねぎらってくださるのだ。予知できなかった研究者に対して信頼を失っていないことをひしひしと感じ、涙がこぼれた。

専門家が危険性を伝えた気になっていたのは、自己満足でしかなかったのだろうか。あるいは、伝える技術があまりにも未熟過ぎたからだろうか。

私は基礎研究をしているだけでは不十分で、きちんと社会に伝わらなければ意味がないと確信した。科学を伝えるコミュニケーション学が始動し、「科学の伝道師」が誕生した。

伝道師とは、街で辻説法して人々に伝える職業である。私は大学でもパワーポイントを使うのを一切やめ、話術と黒板だけで講義を始めた。私が師と仰ぐ寺田寅彦《とらひこ》教授（一八七八〜一九三五）が大正昭和期に行っていた方法でもある。そして阪神・淡路大震災の十六年後、東日本大震災が発生した。

海溝型地震にともなって発生した巨大津波によって2万人近い犠牲者が出た。「関西に地震は来ない」と信じていた無防備な人々を襲う状況が、東日本でも起きてしまったのだ。

日本列島に住むかぎり、大地の動きに否応《いやおう》なく翻弄されざるを得ない。特に、首都直下地震をはじめとする都市直下型地震の危険性はいささかも減っていない。危機的な状況に対し、何とか科学者の側が変わらなければならない。大地の営みを変えることはできないが、地球科学の知識を活用すれば翻弄《ほんろう》されるだけではないはずだ。

結論から言うと、日本の地盤は平安時代以来一千年ぶりの「大地変動の時代」に突入してしまい、これから地震や噴火の地殻変動は数十年というスパンで続く。東日本大震災が引き金となって不安定となった地盤が、数々の災害原因になっていることが、地球科学者共通の認識にある。一方、巷では夥《おびただ》しい量の玉石混淆《ぎょくせきこんこう》ともいえる情報が飛び交い、市民に将来への不安が広がっている。

実はアウトリーチの場面では、専門家に必ずといってよいほど生じる「心の葛藤《かっとう》」がある。たとえば、同僚専門家たちの目が気になり、「後ろ指をさされない」ように無難に説明する気持ちが働く。ところが、自分たちのコミュニティーを向いた「守りの姿勢」で語る結果、市民にはさっぱり腑《ふ》に落ちない解説となる。

これでは啓発がうまくいかないことを、数多くの機会に経験した。私が市民の目線で大胆に解説と提言を行うと、同業者から「ちょっと正確さに欠けるね」という冷ややかな反応が返ってくる。

ここで「専門家を離れて市民サイドに沿うことに不安はない」と言ったら嘘になる。しかし「科学の伝道師」は、この不安に打ち勝って成り立つ仕事なのだ。二十年近く試行錯誤を繰り返してきた経験から、ようやく私も覚悟が決まってきた。

こうした状況で能登半島地震も起きてしまったのである。よって『首都直下　南海トラフ地震に備えよ』では、いつ起きても不思議ではないと言われる首都直下地震、能登半島地震をはじめ内陸地震が増えている事実をわかりやすく解説した。

さらに、新たに危惧される南海トラフ巨大地震の激甚災害、活発になっている活火山、とりわけ「噴火スタンバイ状態」の富士山、地下に集中する「ひずみ」で急務を要する直下型地震の対策などについて、市民の目線で「本当に必要なこと」に絞ったのである。

最新の科学的知見から、発災の時期と規模、予想される災害シナリオ、国民が知るべきリスク、そして命を守るため何をすべきかを簡潔に提示した。私が啓発書を執筆する意図は常に、まず現状を把握するための正しい知識を伝え、市民の不安を払拭《ふっしょく》し、地震と噴火から各自が身を守ってもらうことにある。

私が本書で伝えたいことは至ってシンプルだ。自然界の一部である人間は、とうてい自然をコントロールすることはできない。一方、知恵をしぼれば災害を減らすことは可能で、そのために地球科学の出番がある。

そもそも私たち学者が研究できるのは、社会へ還元する義務があるからではないか。こうした立ち位置のもと、最終的には読者の皆さんが「自分の身は自分で守る」ことがポイントとなる。

総人口の約半数（6800万人）が被災するような南海トラフ巨大地震では、一般市民の一人ひとりに自主的に行動してもらわなければ助からないのである。ところが、これは言うほど簡単ではない。

英国の哲学者フランシス・ベーコン（一五六一～一六二六）が説くとおり「知識は力

なり」だが、地球科学の「知識」を実際に人の命が助かる「行動」にまでつなげるには、もう一つ有効な方法論が必要である。これは私がいま格闘している研究テーマでもある。

専門家と一般市民が協力して一丸となり「大地変動の時代」で始まってしまった国家最大の危機を乗り切っていきたい。

第2章

国家を揺るがす西日本大震災

阪神・淡路大震災／橋げたから落ちた阪神高速神戸線
兵庫・西宮市（写真提供：時事）

2－1節

南海トラフ巨大地震の脅威

第1章では日本列島が突入した一千年ぶりの「大地変動の時代」について解説したが、第2章では約百年おきにほぼ規則正しく起きる巨大地震の再来について詳しく述べよう。

近い将来、国家を揺るがす危機として「南海トラフ巨大地震」という激甚災害が予想されている。地震は陸上で起きるだけでなく海底でも発生する。前章で述べたように日本列島は太平洋側から2枚のプレートで押されており、海底の巨大地震はこの動きに支配されて起きる。

プレートが数百万年という長期間にわたって沈み込むことで太平洋の海底に「南海トラフ」と呼ばれる長大な窪《くぼ》みを形成した（図2－1－1）。静岡県沖から宮崎県沖まで続く水深4000メートルの海底凹地《くぼち》だが、東海地震・東南海地震・南海地震という巨大地震を繰り返し発生させてきた場所だ。日本周辺で起きる地震について最もよく観測と研究がされてきた海域でもある。

南海トラフの北側には三つの「地震の巣」があり、震源域と呼ばれている。それぞれ東海

図2-1-1. 南海トラフ沿いで周期的に起きる巨大地震の震源域

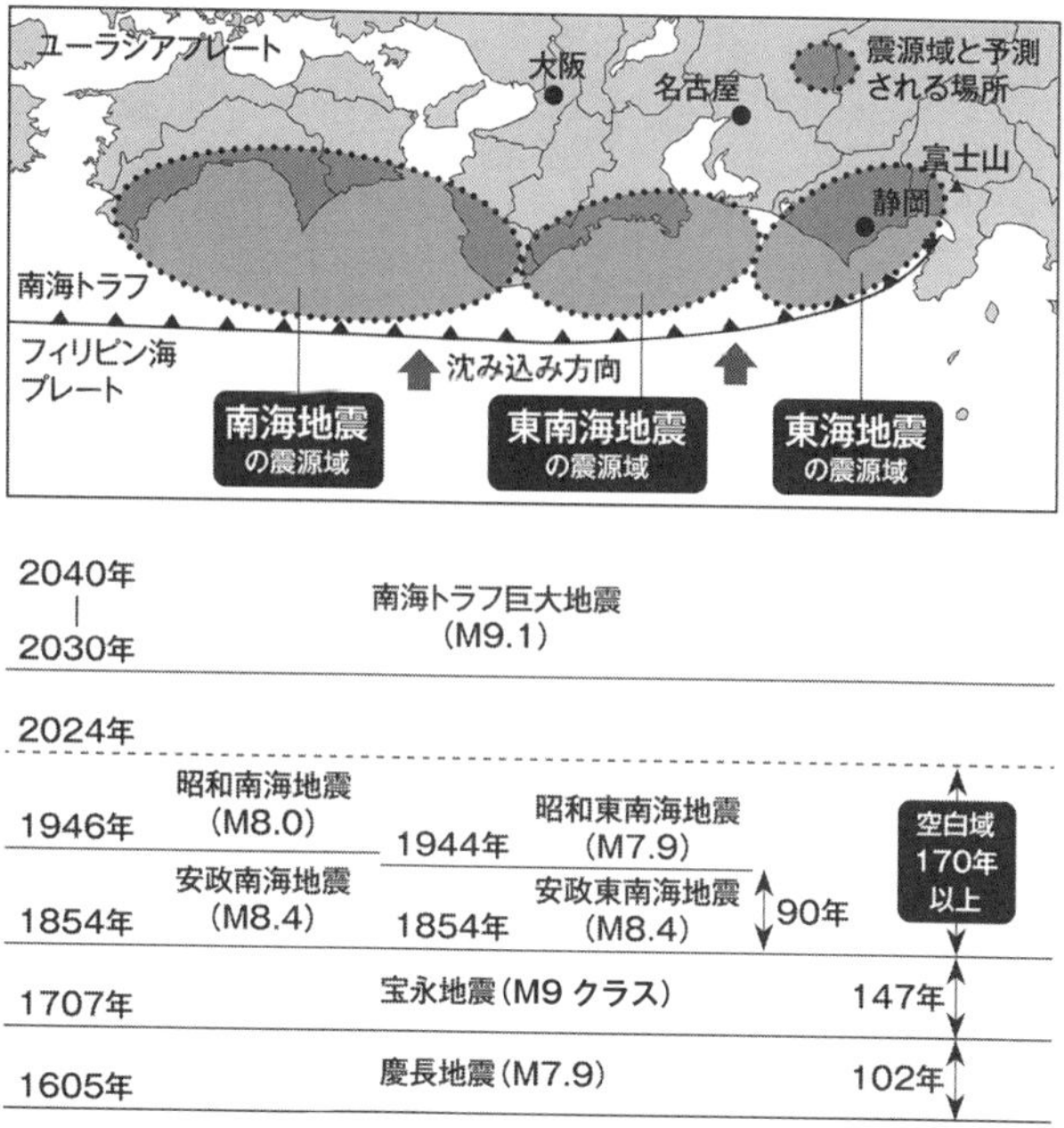

地震・東南海地震・南海地震を起こしてきた場所であり、一部は陸地にも差し掛かっている。三つの震源域は同時に活動して巨大地震を起こすこともあり、その履歴に地球科学者が着目してきた。

近代地震学が日本に導入されて観測が始まったのは、明治になってからである。それ以前の地震については観測データがないので、古文書などを調べて、起きた年代や震源域を推定してきた。その結果、南海トラフで東海地震・

東南海地震・南海地震が周期的に起きる状況がわかってきた。

巨大地震の履歴

過去には東海から四国までの沖合では、プレート沈み込みにともなう巨大地震が、比較的規則正しく起きてきた。日本には奈良時代以来の地変を記録する古文書が残されている。

これらを解読して地震が起きた歴史を繙《ひもと》くと、南海トラフ沿いで地震と津波が九十〜百五十年間おきに発生したことがわかってきた。やや不規則ではあるが、緩い周期性が認められるのである。

こうした時間スパンの中で、3回に1回は超弩級の巨大地震が発生したことも判明した。例としては一七〇七年の宝永地震、一三六一年の正平《しょうへい》地震、八八七年の仁和《にんな》地震が知られている。つまり、過去の西日本ではおよそ三百〜五百年という間隔で特に規模の大きい地震が起きていたことになる。

近い将来に南海トラフ沿いで起きる地震は、この3回に1回の「超弩級《ちょうどきゅう》地震」に当たる。東海・東南海・南海の三つの震源域が同時に活動する「連動型地震」というシナリオだが、首都圏から九州までの広域に甚大な被害を与えることになる。

この震源域の総面積は、二〇一一年の東日本大震災と同じくらいか、やや上回る。震源域の広さは地下で地震が解放するエネルギーに比例するので、前章で説明したマグニチュードで見てみよう。

一七〇七年（宝永地震）の規模はM８・６だったが、これから起きる連動型地震は詳細なシミュレーションによってM９・１と予測されている。すなわち、東日本大震災（M９・０）に匹敵する巨大地震が、今度は西日本で起こることが予想されるのだ。

こうした海の地震が、いつ頃に起きそうかも計算できる。よく地震予知で話題となる「地震発生の年月日」は特定できないが、十年くらいの範囲で確実に起きることは予測できるのだ。この点が、数千年の周期を持ち、いつ動くとも動かないともわからない活断層が引き起こす陸の直下型地震とは状況が大きく異なる。

そして南海トラフ巨大地震の原因は、フィリピン海プレートのユーラシアプレートの下への沈み込み運動である。２－４節で陸上で中央構造線を動かした原動力として説明するが、このフィリピン海プレートは太平洋の海域では南海トラフという凹地を形成しながら巨大地震を発生させる。

ちなみに、東日本大震災を発生させた原因は東北・関東沖の太平洋プレートだったのに対して、今回の主役はその西隣にあるフィリピン海プレートである。いずれも深海底で誕生したプレートが何千キロメートルも水平に移動した最後に海へ沈み込む、いわばプレートの「旅の終着点」である。太平洋プレートの終着点は「日本海溝」や「伊豆・小笠原海溝」であり、フィリピン海プレートの終着点は「南海トラフ」なのである（図1－1－1を参照）。

ここで海溝とトラフという異なる用語が使われているが、少しニュアンスが異なる。トラフの和訳は「舟状《しゅうじょう》海盆」で、舟の底のようにやや平たい海底の凹地形である。南海トラフではフィリピン海プレートが海底になだらかな舟底状の地形をつくりながら、西日本の陸地の下へ沈み込んでいく。一方、海溝とは、文字通り溝状に深く切り込んだ海底を表し、プレートがやや急勾配で沈み込んでいく場所にできる。

プレートをダイナミックな運動として捉えると、トラフと海溝はいずれもプレートが海底へ消え去る終着点にできる地形である。そして消え去る現象を地球科学では「プレートの沈み込み」と呼んでいる。すなわち、海の巨大地震の発生はすべて沈み込み運動を原動力としている。

地震と津波はどうやって起きるか

日本列島に沈み込むプレートは太平洋で東から西へ水平移動しているが、その速度が実際に人工衛星から観測されている。太平洋プレートは一年当たり約8センチメートル、またフィリピン海プレートは約4センチメートルという非常にゆっくりとしたもので、身近な例で言えば人の爪《つめ》が伸びる速さにほぼ等しい。

海のプレートは陸のプレートの下にすんなりと沈み込むのではなく、陸地の下へ力づくで無理やり押し込まれている。その結果、陸のプレートと海のプレートの境目でひずみが蓄積される。ここで岩石が耐えられる限界に達すると、限度を超えた接合部分から一気に壊れて、巨大地震が発生する（図2－1－2）。すなわち、岩盤が割れる際に放出されるエネルギーが地上に達して、激しい揺れを引き起こすのである。

海域での地震の直後には、海岸に巨大な津波が襲ってくる。東日本大震災では、20メートルを超える津波が東北地方の沿岸を襲い、陸を40メートル以上もの高さまで遡上《そじょう》した。なお遡上とは、津波が平地から川を遡《さかのぼ》る現象をいう。

そもそも津波とは、海底の隆起によって大量の水が陸に押し寄せて、陸上を浸水する現象である。海上で表面がうねる波とは異なり、海底から海面までの水全体が巨大な「波の壁」として横方向に移動するのである。

図2-1-2. プレートの沈み込みと地震と津波の発生

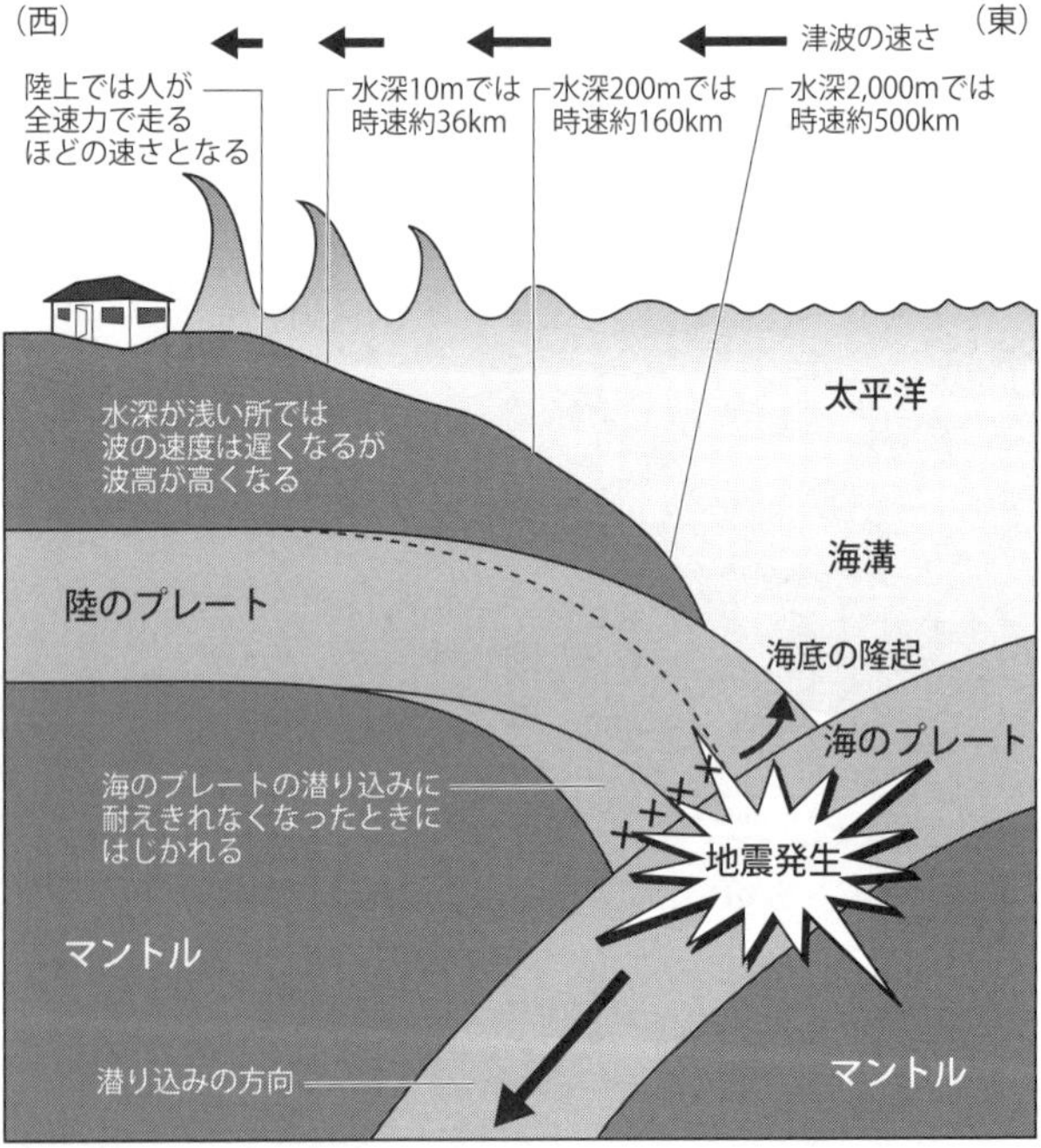

津波はいつも海域の巨大地震とともに発生する。プレートの跳ね返りとともに海底が隆起し、付近の海水が急激に持ち上げられ、海面が数メートル以上も上昇する。これが最後に巨大な水の塊となって陸へ押し寄せるのである。

　津波が移動する速さは、陸へ近づくに従って変化する。沖合では時速1000キロメートルというジェット機並みの速度で移動するが、陸に近づいて水深が浅くなると数十キロメートルまで落ちる（図2－1－2）。その結果、後ろからやってきた波の壁が追いつき、津波の高さが一気に上昇する。

よって、沖合ではそれほど高くは見えなかった津波が、沿岸では巨大な波となって襲いかかる。こうした大津波の堆積物が西日本の太平洋岸で続々と見つかっており、南海トラフ巨大地震の過去の記録に付け加えられている。

三連動地震の順番は決まっている

南海トラフ巨大地震は震源域が三つに分かれると述べたが、三者は短い間に活動すると三連動地震となる。この三連動では、それぞれ起きる順番が決まっている。最初に名古屋沖で東南海地震が発生し、次が静岡沖の東海地震で、最後に四国沖で南海地震が起きる。

これらを歴史上の年代で見てみよう。前回は東南海地震（一九四四年）が起きた二年後に、南海地震（一九四六年）が発生した（図2－1－1）。その前の回（一八五四年）は、同じ場所が三十二時間、すなわち一日半ほどの時間差で活動した。また3回前（一七〇七年）には、三つの震源域が数十秒のうちに活動した。

また南海トラフ巨大地震が起きるおおよその時期が、過去の経験則やシミュレーションの結果から予測されている。先に結論を述べると、二〇四〇年までには確実に起きると考えられる。

この数字がどうやって得られたかを見ていこう。地球科学で用いる方法論である「過去は未来を解く鍵」を活用する。

南海地震が起きると地盤が規則的に上下する。南海地震の前後で土地の上下変動の大きさを調べてみると、1回の地震で大きく隆起するほど、そこでの次の地震までの時間が長くなる、という規則性がある。これを利用すれば、次に南海地震が起きる時期を予想できる。

具体的には、高知県室戸岬《むろとみさき》の北西にある室津《むろつ》港のデータを解析する。地震前後の地盤の上下変位量を見ると、一七〇七年の地震では1・8メートル、一八五四年の地震では1・2メートル、一九四六年の地震では1・15メートル隆起した（図2－1－3）。

すなわち、室津港は南海地震のあとでゆっくりと地盤沈下が始まって、港は次第に深くなっていった。そして、南海地震が発生すると、今度は大きく隆起した。その結果、港が浅くなって漁船が出入りできなくなったのである。このために江戸時代の頃から室津港で暮らす漁師たちは、港の水深を測っていたのだ。

図2－1－3で暦年の上に伸びている縦の直線は、その年に起きた巨大地震によって地面

図2-1-3. 室津港で観測された南海地震発生時の隆起量

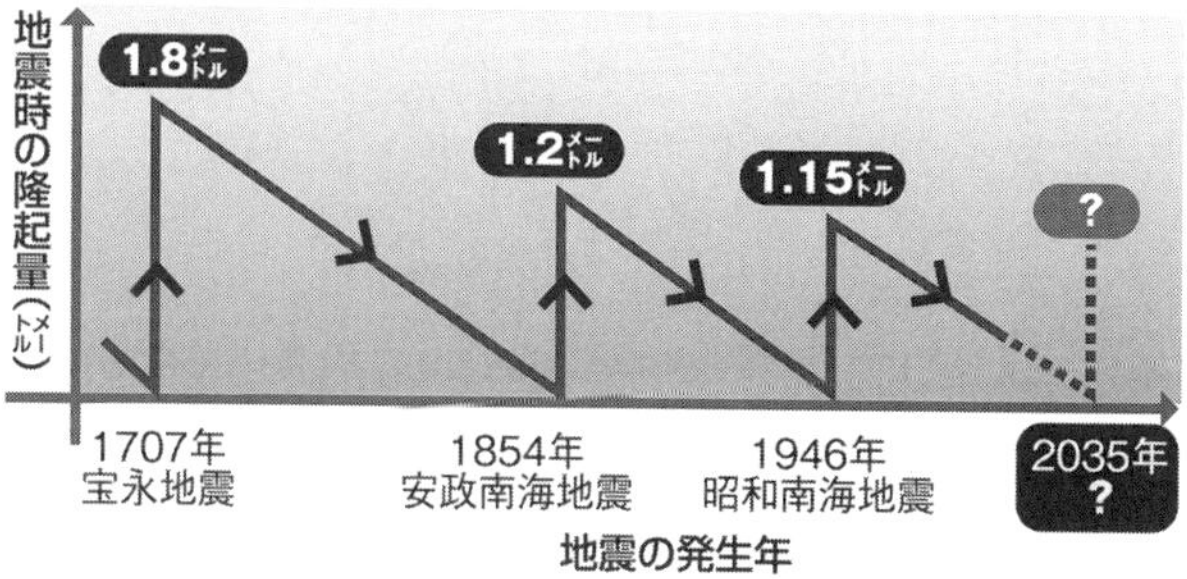

が隆起した量を表している。一七〇七年には1・8メートル隆起した。さらに、ここから右下へ斜めの直線が続いているが、これは隆起した地面が時間とともに少しずつ沈降したことを意味する。

その後、毎年同じ割合で低くなって、一八五四年に最初の高さへ戻ったのである。すなわち、一七〇七年にプレートの跳ね返りによって数十秒で1・8メートルも隆起した地盤が、一八五四年まで百四十七年間という長い時間をかけて元に戻ったのだ。

これと同じ現象は、一八五四年と一九四六年の巨大地震でも起きている。ただし、一八五四年には1・2メートル、一九四六年では1・15メートルと、隆起量は少し異なる。

そして図2－1－3には重要な事実が隠れている。先ほど述べた右下へ続く斜めの線を見ると、一七〇七年から一八五四年まで、そして一八五四年から一九四六年までの2

本の斜め線が平行になっているという点である。

これは巨大地震によって地盤が隆起した後、同じ速度で地面が沈降してきたことを意味する。こうした等速度の沈降が南海トラフ巨大地震にともなう性質である、と考えて将来に適用する。すなわち、1回の地震で大きく隆起するほど次の地震までの時間が長くなる、という規則性を応用すれば、長期的な発生予測が可能となる。

この現象は海の巨大地震による地盤沈下からの「リバウンド隆起」とも呼ばれている。一七〇七年のリバウンド隆起は1・8メートル、また一九四六年のリバウンド隆起は1・15メートルであった。そこで現在に最も近い巨大地震の隆起量1・15メートルから、次の地震の発生時期を予測できる。

今後も一九四六年から等速度で沈降すると仮定すると、ゼロに戻る時期は二〇三五年となる（図2－1－3）。これに約五年の誤差を見込んで、二〇三〇年～二〇四〇年の間に南海トラフ巨大地震が発生すると予測できるのである。

繰り返される活動期と静穏期

もう一つ、内陸地震の活動期と静穏期の周期から、海で起きる巨大地震の時期を推定する方法がある。これまでの研究で、南海トラフで巨大地震が起きる六十年ほど前から、日本列島の内陸部で地震が増加するという現象が判明している。事実、二十世紀の終わりごろから内陸部で地震が増加している。

たとえば、一九九五年に阪神・淡路大震災を引き起こした兵庫県南部地震のあと、二〇〇四年の新潟県中越地震、二〇〇五年の福岡県西方沖地震、二〇〇八年の岩手・宮城内陸地震などの地震が次々に起きた。活動期と静穏期は交互に繰り返されることがわかっており、現在は活動期にある。

阪神・淡路大震災の発生は、内陸地震が活動期に入った時期に当たる。そして、南海トラフ巨大地震が発生する六十年くらい前と、発生後十年くらいの間は、西日本では内陸の活断層が動き、地震発生数が多くなる。

したがって、過去の活動期の地震の起こり方のパターンを統計学的に求め、それを最近の地震活動のデータに当てはめてみると、次に来る南海トラフ巨大地震の時期が予測できる。

地震活動の統計モデルから次の南海地震が起こる時期を予測すると、二〇三八年ごろという値が得られる。これは前回の南海地震からの休止期間を考えても、妥当な時期である。たとえば、前回の活動は一九四六年であり、前々回の一八五四年から九十二年後に発生した。

南海地震が繰り返してきた単純平均の間隔が約百十年であることを考えると、九十二年はやや短い数字である。しかし、最短で起きる前提で準備するには不自然な数字ではない。こうして複数のデータを用いて求められた次の発生時期は、二〇三〇年代と予測される。

コラム4

地震発生確率の読み方

政府の地震調査委員会は、日本列島でこれから起きる可能性のある地震の発生確率を公表している。全国の地震学者が結集して日本に被害を及ぼす地震の長期評価を行い、それぞれの地震ごとに今後三十年以内に起きる確率を予測し、インターネットでも随時公開しているのである。

大地震が起きる確率の値は毎年更新され、少しずつ上昇している。こうした地震発生確率はなぜ上昇するのかについて説明しよう。

いま、過去に起こった地震のデータを見て、おおよそ百年くらいの間隔で地震の被害を被ってきた場所を考えてみる。百年サイクルの途中に、基準日となる現在が入っているケースである（図コラム4のア）。

まず、現在を基準日として、この基準日から三十年以内に地震が発生する確率を求めてみる。図アのBの部分の面積は、今から三十年後までに地震が発生する確率である。

また、Cの面積は、三十年後のあとずっと先までに発生する確率である。すると、これから三十年以内に地震が発生する確率は、Bの面積を、BとCを足し合わせた面積で割ることで算出される。たとえば、これが東海地震の場合には88％となるわけである。

さて、図アは、地震の起きる平均間隔である百年がまだ来ていない時点での発生確率を求める図である。一方、平均間隔が百年とされているにもかかわらず、前回の地震からすでに百年以上の時間がたってしまったケースを考えると、図コラム4のイのようになる。すなわち、基準日がすでに平均間隔百年を過ぎたのに、一向に地震が起きないという場合である。

ここでも発生確率は、Bの面積を、BとCを足し合わせた面積で割ることで算出される。ここで、アとイの結果を比べてみると、イの方がアよりも高い発生確率になるのである。

たとえば、南海地震は前回の一九四六年の活動からすでに七十七年が経過しているので、確率は60％となった。一方、東海地震は一八五四年に起きた前回の地震から百六十九

図コラム4. 地震発生確率の読み方

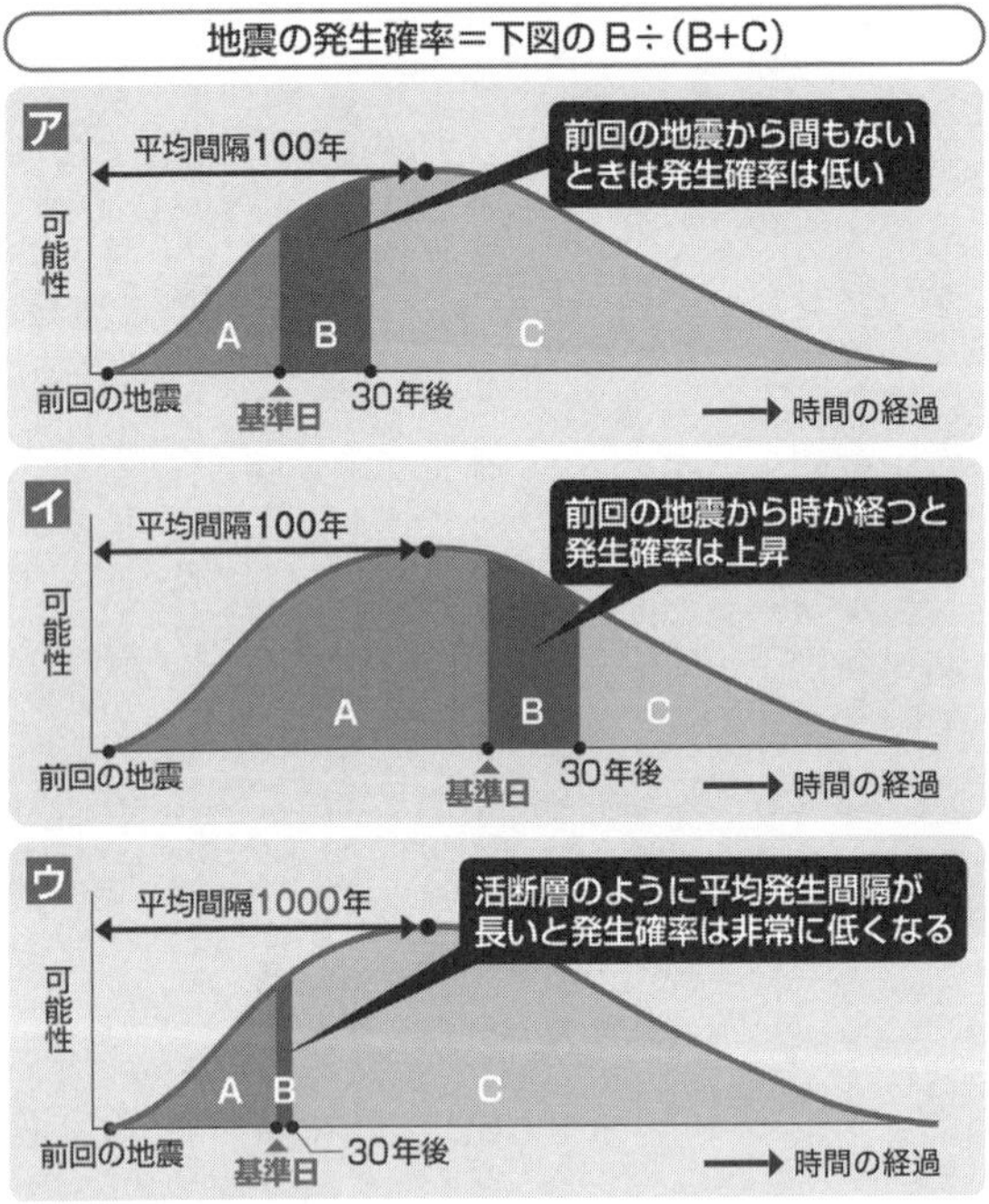

年も過ぎているので、88%という高い値になったのである。

さて、次は活断層のように発生の平均間隔が一千年と非常に長い場合を考えてみよう。この場合には、図コラム4のウのようにBの面積が相対的に小さくなるので、三十年以内の発生確率は非常に小さな値となる。神縄《かんなわ》―国府津《こうづ》―松田断層の発生確率（最大16%）が東海地震などと比べると小さいのは、そのせいである。

なお、地震以外の被害に今後三十年間で一人の人間が遭遇する確率は以下のように算出されている。交通事故で死亡0・2％、交通事故で負傷24％、航空事故で死亡0・002％、火災で負傷1・9％、台風で負傷0・48％、ガンで死亡6・8％、空き巣3・4％、ひったくり1・2％、スリ0・58％。こうしてみると、地震の発生確率がいかに高いかがわかるだろう。

地震発生予測の限界

ところで、東日本大震災の発生前に、宮城県沖では三十年以内にM7・5の地震が99％の確率で起きると予想されていた。未来に起きる可能性のある地震のマグニチュード予測は、先に述べたような、たった今起きた地震に対するマグニチュード決定と同様に、過去に繰り返し起きた地震が作った断層の面積とずれた量などから算出する。

また、この地震の想定死者は、少なくはない300人というものだった。実は、これらの予測は、一九七八年に死者28名を出したM7・4の宮城県沖地震を基準の一つとしていたものである。ところが、東日本大震災の現実は、こうした予測をはるかに上回り、17

8倍も規模の大きな巨大地震が発生してしまったのである。

また、地震の再来周期から見ても、宮城県沖では約四十年ごとに繰り返して起きることを想定していたのであるが、実際には一千年に1度という非常にまれな巨大地震が起きてしまった。これはマグニチュード予測の計算が間違っていたのではなく、起きると予想していた地震そのものがまったく別のものだったことが原因である。

一般に、自然災害には、まれに起きるものほど規模が大きく、頻繁に起きるものは規模が小さいという法則がある。したがって、地震発生の予測はすべてを予見できるものではなく、今回のように大前提が変わると予測をはるかに上回る災害が発生することがある。

地震調査委員会が発表する確率は、きちんとした事実に基づいて正確に計算されたものであるが、それでも科学的な予測には「限界」があることは知っておいていただきたいと思う。特に、物理学とは異なり、地球科学で扱う天然現象には特有の「予測の限界」と「誤差」があることに注意いただきたい。

今後、研究の進展によって、マグニチュードも地震発生確率も大きく変わる可能性がある。地球の現象には、前提条件の変化により大きく結果が変わる「構造」があることを知り、随時報道される変化をフォローしていただきたい。

2-2節

西日本で増える内陸地震

南海トラフ巨大地震は海溝型の巨大地震だが、陸上の直下型地震の発生と呼応する現象が確認されている。前回の南海トラフ巨大地震が発生する前に西日本各地で大きな内陸地震が相次いだ（図2-2-1）。そして、昭和東南海地震（M7・9、一九四四年）と昭和南海地震（M8・0、一九四六年）のあと数十年ほどの間この地域では大きな地震がなかった。

それが阪神・淡路大震災（M7・3）以降には、二〇〇〇年の鳥取県西部地震（M7・3）、二〇〇四年の新潟県中越地震（M6・8）、二〇〇五年の福岡県西方沖地震（M7・0）、二〇〇八年の岩手・宮城内陸地震（M7・2）などの地震が次々に起きた。

その後は二〇一六年に鳥取県中部地震（M6・6）と熊本地震（M7・3）が発生した。すなわち、南海トラフ巨大地震が発生する四十年前と発生後十年の間に、西日本の内陸部では地震発生数が多くなる傾向が見られるのである。

こうした内陸地震はいずれも地表付近の活断層を震源とする。南海トラフ地震に比べて地震の規模は小さいものの、地表のすぐ近くで起こるため激しい揺れをともなう。そして活動

図2-2-1. 1946年の昭和南海地震前に相次ぎ発生した内陸地震（Mはマグニチュード）

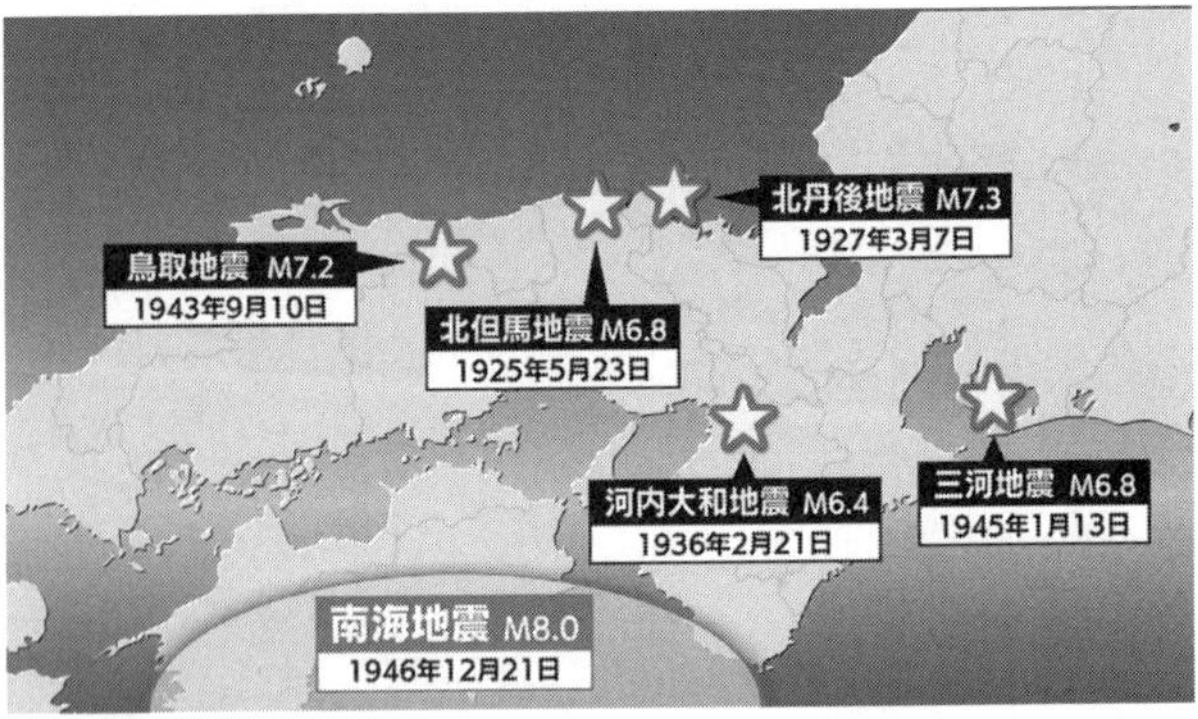

図2-2-2. 南海トラフ巨大地震をはさむ内陸地震の活動期と静穏期

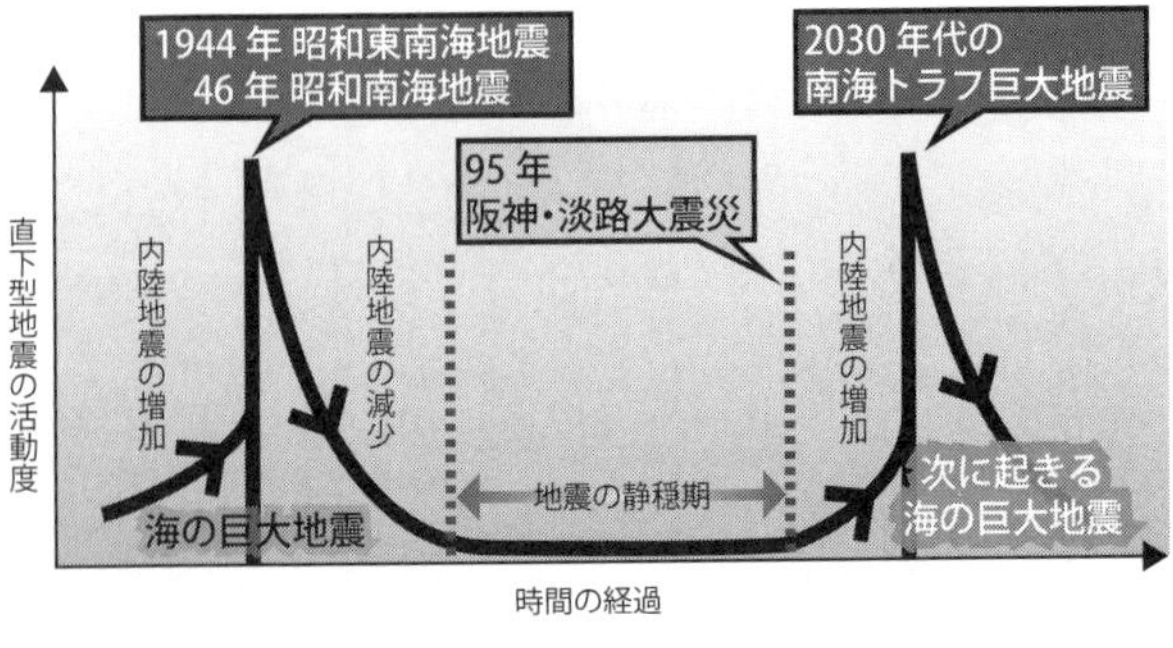

期と静穏期は交互に繰り返されることがわかっており、現在は活動期にある（図2－2－2）。

南海トラフ巨大地震の被害想定

南海トラフ巨大地震の規模はM9・1であり、二〇〇四年にインドネシアのスマトラ島沖で起きた巨大地震と同じである。この地震では高さ30メートルを超える巨大津波が発生し、インド洋全域で25万人以上の犠牲者を出した。

国が行った南海トラフ巨大地震の被害想定では、海岸を襲う津波は34メートルに達するとされる。また巨大津波が一番早いところでは二～三分後に襲ってくる。

東日本大震災と比べて津波の到達時間が極端に短い理由は、地震が発生する南海トラフが西日本の海岸に近いからである。地図を見ればわかるように震源域が陸上に重なっている（図2－1－1を参照）。

その結果、地震としては、九州から関東までの広い範囲に震度6弱以上の大揺れをもたらす。特に、震度7を被る地域は、10県にまたがった総計151市区町村に達する（図2－2－3）。国の想定では、犠牲者総数が最大33万人、全壊する建物238万棟、津波によって

図2-2-3. 南海トラフ巨大地震による地震と津波の被害予測

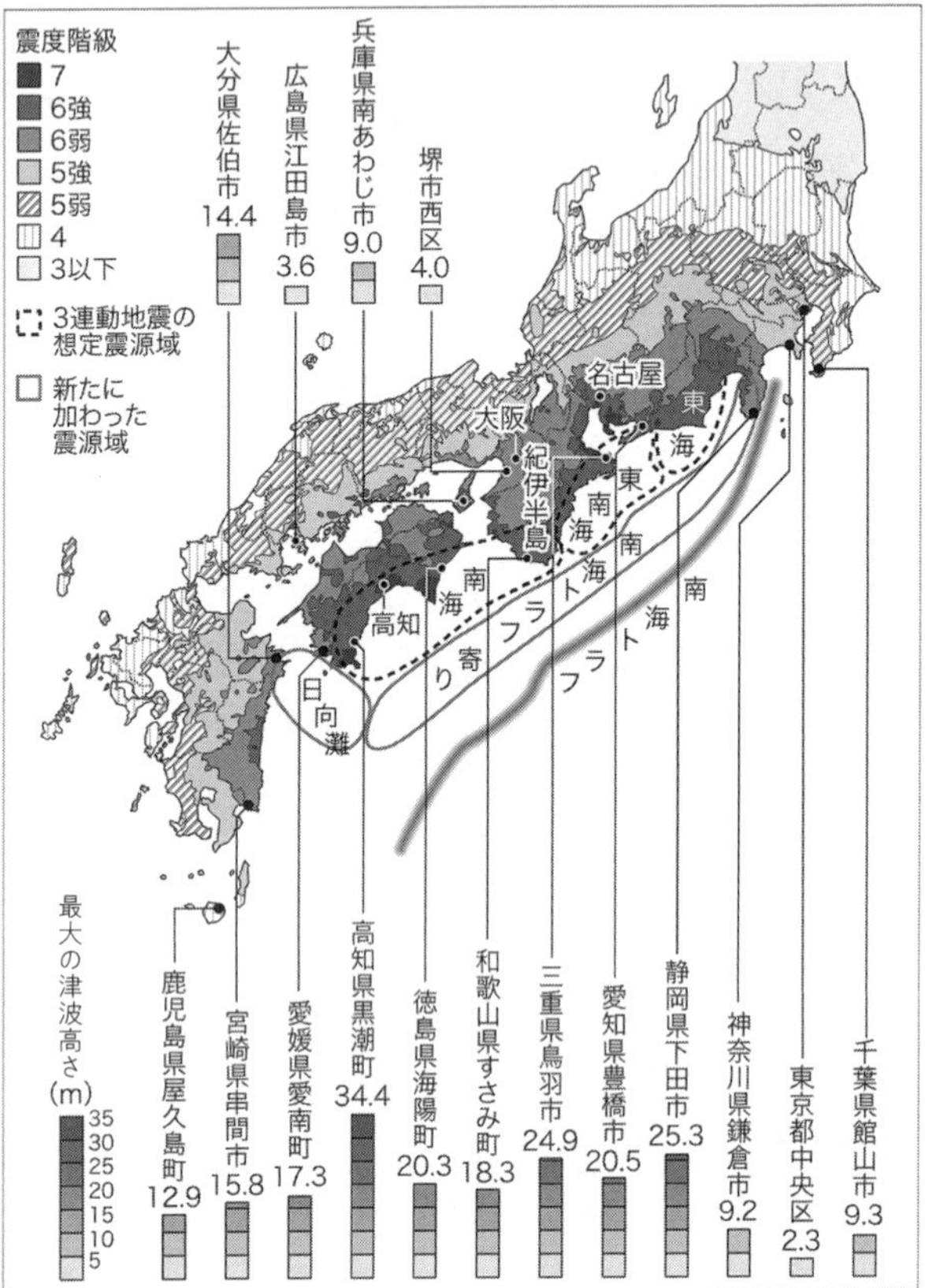

内閣府の資料による

浸水する面積は約1000平方キロメートルとされている。

南海トラフ巨大地震が太平洋ベルト地帯を直撃することは確実で、被災地域が産業や経済の中心であることを考えると、東日本大震災よりも一桁大きい災害になる可能性が高い。内閣府の試算では南海トラフ巨大地震は日本の総人口の半数に当たる6800万人が被災する。

経済的な被害総額に関しては、内閣府で220兆円を超えると試算されている。たとえば、東日本大震災の被害総額の試算は20兆円ほど、GDPでは3％程度とされているが、南海トラフ巨大地震の被害予想がその10倍以上になることは確実とされる。ちなみに、220兆円という被害総額は日本政府の一年間の租税収入の3倍を超える額に当たる。まさに、「西日本大震災」という状況になることが必至である。

「西日本大震災」の表現で警鐘を鳴らす

こうした被害想定は日常生活からかけ離れているので、国民の多くは具体的にイメージできない。ここで私は西日本大震災と書いたが、この言葉は私が発案した言葉で、始めから世間で認知されたものではない。通例、震災の名称は大災害が起きてから政府が閣議で決定する。たとえば、阪神・淡路大震災や東日本大震災は、こうして決められた。

二〇三〇年代に発生が予想される南海トラフ巨大地震はまだ起きていないので、震災名は付けられていない。といって、日本の屋台骨を揺るがす激甚災害が予測されることから、国は「南海トラフ巨大地震」という言葉で対策を進めてきた。

ところが、ここに問題があると私は考えた。いくら南海トラフ巨大地震と連呼しても、南海トラフがどこにあるのかを知らない一般市民が非常に多いのである。これは私自身が講演会に集まってきた聴衆に尋ねた経験からもそうだ。そもそも、「トラフ」という見慣れない言葉を使って防災を説いても、一向に伝わらないのである。

そこで私は思案した。東日本大震災であれば誰もが知っている。よって東を西に変えた「西日本大震災」という言葉であれば誰にでもイメージがしやすいから、南海トラフ巨大地震の代わりになるのではないか。

実際、西日本大震災を引き起こす南海トラフ巨大地震のマグニチュードはM9・1であり、東日本大震災のM9・0と規模がほぼ等しい。よって、「東日本大震災と同じような巨大地震が来るのです」と説明すると、聴衆は直ちに理解してくれる。その後、拙著のタイトルに用いた頃から次第に広まるようになった（たとえば鎌田浩毅著『西日本大震災に備えよ』

ＰＨＰ新書、二〇一五年）。

なお、被害総額の２２０兆円およびＧＤＰの30％という数字は過小評価だと考える研究者も少なからずいる。というのは、後に述べるように、日本列島の半分近くが被災するような災害では、積み上げ式の被害想定をはるかに上回る被害となることが多々あるからだ。

したがって、東日本大震災の総被害の「少なくとも一桁以上大きな災害」と考えるのが妥当ではないかと私は考える。ちなみに、私は講演会では「東日本大震災と同規模の地震。でも被害は10倍」と説明するようにしている。

確率による発生予測

政府の地震調査委員会は、日本列島でこれから起きる可能性のある地震の発生予測を公表している。全国の地震学者が集まり、日本に被害を及ぼす地震の長期評価を行っている。

地震の発生予測では二つのことを予測している。一つ目は、「今から数十年間において、何％の確率で起きるのか」である。既に述べたように巨大地震は海のプレートと陸のプレートという2枚の厚い岩板の間がずれる運動によって起きる。1回ずれると2枚のプレートの境目にエネルギーが蓄積される。この蓄積が限界に達し、非常に短い時間で放出されると海底で巨大地震が起きる。

　プレートが動く速さはほぼ一定なので、巨大地震は周期的に起きる傾向がある。この周期性を利用して、地震発生確率を算出するのである。二つ目の予測は、「どれだけの大きさ（マグニチュード）の地震が発生するのか」である。こちらは過去に繰り返し発生した地震がつくった断層の面積と、ずれた量などから算出される。

　こうして今後三十年以内に発生する確率予測が出されるのだが、これはコンピュータで計算するので誰がやっても同じ答えが出る。そして今後三十年以内に大地震が起きる確率を随時、各地の地震ごとに予測している。逆に言うと、人間の判断が入る余地が生じないので、国としてはこうした情報を出したがるとも言えよう。

　太平洋岸の海域で東海地震、東南海地震、南海地震という三つの巨大地震が発生する予測について具体的に見てみよう。これらが三十年以内に発生する確率は、M８・０の東海地震が88％、M８・１の東南海地震が70％、M８・４の南海地震が60％と計算されている。

　三つの数字は毎年更新され、しかも少しずつ上昇している。そして三連動した場合に当たる南海トラフ巨大地震については、今後三十年以内に発生する確率を「70～80％」としている。

「地震発生確率」では伝わらない

実は、ここに大きな問題があると私は常々考えている。というのは、三十年以内に70％と言われてもピンとこないからだ。これは一般市民だけでなく私のような地球科学の専門家も同じなのである。

ここで私はあることに気がついた。人は実際の社会では「納期」と「納品量」で仕事をしている。つまり、いつまでに（納期）、何個を用意（納品量）という表現でなければ人は動けないのではないか。

たとえば、京都の和菓子屋に「三十日以内に100個を70％の確率で注文します」と注文しても、一体いつまでに何個用意していいかわからない。日常の感覚では「一か月後に70個届けて下さい」が普通である。私もそうだが人は日常、確率では暮らしていないので、納期と納品量という形で表記しないと腑《ふ》に落ちないのである。

よって、必ず起きる南海トラフ巨大地震について、私が伝えたいのは以下の2項目だけである。すなわち「南海トラフ巨大地震は約十年後に襲ってくる」「その災害規模は東日本大震災より10倍大きい」。講義でも講演会でも私はその二つに絞って伝えてきた。日常感覚で理解できる2項目をしっかり認識してもらうことから始めなければならない、と考えるからである。

この課題は、企業が事業継続計画（Business continuity planning, BCP）を立案するかどうかのモチベーションにも関わっている。これは、地震の被災後になるべく早く仕事を再開するため、何をどういう順番で行うかを事前に計画する作業である。ところが、三十年以内に70％の地震発生確率と言われてもピンとこないので、事業継続計画があまり進んでいないという現実がある。

特に、南海トラフ巨大地震によって6800万人が被災すると、近隣地域から救助と援助に駆けつけられないという事態が生じる。すなわち、レスキューとサプライの両方が停止する恐れがある。「その一、約十年後。その二、東日本大震災の10倍の被害」と情報を2項目に簡素化すれば、企業も本気でリカバリー計画を立案する気になる。

ここには専門家の「完璧主義」という意識上の問題がある。地震発生確率の表示は確かに正確だが、それでは市民は動かない。学術的に正しいことに拘泥《こうでい》するあまり、肝心の情報が伝わらない。極論すれば学者の論理の押しつけで、一般の人には適さないのではないだろうか。

ここで専門家は「不完全である勇気」が必要となる。専門家が完璧であろうとすると、一番大切な情報がスッポリ抜けてしまう。重要なのは「相手の関心に関心を持つ」というコミュニケーションの原理である。伝えたい相手は誰かをよく考えて、市民の関心に関心を持ち、伝えるべき情報を厳選しなければならない。

私が2項目に簡略化して市民に伝えると、同僚の専門家から「それでは正確でない」というクレームが付くことがよくある。しかし、市民の関心に合わせて情報を伝えないと、専門家が行った努力は無に帰することに気付いていない。

我々は東日本大震災で「想定外」の事態を起こしてはならないと学んだ。南海トラフ巨大地震が今世紀の半ばまでには必ず発生すると断言しても過言ではない。よって、2項目に絞って伝える方法を提案する。

「十年後の手帳」に

興味深いことに我が国の歴史を見ると、社会と大地の変動期は一致している（図2－1－1を参照）。幕末の南海トラフ巨大地震である安政南海地震（一八五四年）の後は、松下村塾で学んだ桂《かつら》小五郎（木戸孝允《たかよし》）と伊藤俊輔（博文）が、また薩摩では西郷吉之助（隆盛）や大久保一蔵（利通）らが活躍し、明治維新を通じて近代日本を構築した。

さらに前回の昭和南海地震（一九四六年）は太平洋戦争の直後だったが、松下幸之助、本田宗一郎、井深大《いぶかまさる》といった若者たちが我が国を技術貿易立国として「再生」させた。おそらく次の南海トラフ巨大地震後の日本社会は一度「崩壊」せざるを得ないだろうが、若者が能力を備えていれば新しい発想でわが国を「蘇生」することができる。

そのためにはアウトリーチ（啓発・教育活動）が不可欠で、若い世代に伝えるべきことを伝え、その上で積極的に権限の委譲を進めなければならない。近い将来確実に起きる激甚災害を悲観するばかりでなく、地球の時間軸で物事を捉える「長尺《ちょうじゃく》の目」を持つことも、「大地変動の時代」を生き延びる重要な鍵となる。

自然災害では、何も知らずに不意打ちを受けたときに被害が一番大きくなる。したがって、南海トラフ巨大地震と富士山噴火に対しても、前もって最新の情報を得ておくことが重要だ。火山灰が降ってきてからでは遅い。平時のうちに準備するのが防災の鉄則である。遠回りでも正しい知識を持つことがいざという時には役に立つ。

これまで私は京都大学の講義で学生たちに「自分の年齢に十年を足してごらん」と言ってきた。二十歳前後の彼らは三十〜四十歳代で南海トラフ巨大地震に必ず遭遇する。多くが社会で中堅として働いており、家族や子どもがいるかもしれない。そういう中で日本の国家予算の数倍に当たる激甚災害が起き、半分近い人口が被災することを想像してもらうのである。

その際に「手帳に十年先のスケジュールを記入する想像をしてほしい。十年手帳の十年目に、南海トラフ巨大地震発生と書き込んでください」とも言う。さらに「そのときに向けて、君たちは何をしたらこの日本を救えるかを考えてほしい。そのため現在、何を勉強すべきかを逆算して考えてほしい。それが君たちのノブレス・オブリージュ（noblesse oblige）である」と語る。すなわち、まず自分自身が生き延び、さらに貢献できることを考えて日本蘇生に力を貸してほしい、と毎年の講義で訴えてきた。

なお、ノブレス・オブリージュはフランス語で、直訳すれば「高い地位にともなう道徳的義務」となるが、地位ある者は責任をともなうという意味である。その昔、ヨーロッパの貴族は、普段は遊んでいても、いざ戦争が起きると、領民を守る義務を果敢に果たした。このエピソードも24年間、学生たちに語ってきたメインテーマだった。

さて、市民向けの講演会でも同様である。十年後の「心の手帳」に2項目を書き込んでいただき、お子さん、お孫さん、友人、会社の同僚、地域のコミュニティーなど、自分の周囲にいるできるだけ多くの人に伝えていただきたい、と話す。

企業向けの事業継続計画でも構造は同じである。十年先を見越した長期計画として、本社や工場の耐震補強、津波対策、インフラ整備、工場移転、本社機能のバックアップなどの計画を今から開始するように勧める。

「自分の身は自分で守る」考え方と、「十年後に東日本大震災の10倍の被害」が口コミで日本中に広まれば、国が想定している被害の8割まで減らすことが可能になる。たとえば、住宅の耐震化率を高めれば、倒壊による死者数を8割減らすことができる。

また、建物の耐震化率を引き上げれば全壊も4割まで減らせる試算がある。さらに、既存のビルを津波避難用に活用し、地震発生から十分以内に避難を始めれば、津波による犠牲者数を想定の2割まで減らせるというデータがある。

東日本大震災で大きな問題となった「想定外」をなくすには、まず日常感覚に訴える防災から始めなければならない。総計6800万人が被災する状況では、「自分の身は自分で守る」ことに徹しなければならない。誰も助けに来てくれないからだ。多様な方策がオールジャパン体制で行う南海トラフ巨大地震対策の要になると私は考えている。

2-3節

頻発するスロースリップ地震と地震予知

南海トラフではフィリピン海プレートがユーラシアプレートの下に六百万年にわたってもぐり込み続けている。こうした2枚のプレートの境界には固着している部分とゆっくり滑っている部分があり、固着状態が急激に変化することがある。前回起きた南海トラフ巨大地震である昭和東南海地震（一九四四年）と昭和南海地震（一九四六年）では、プレートが強く固着した領域が一気に剝がれることで巨大地震が発生した。

一方、こうした境目が数日から数年かけてゆっくり滑る現象が時折起きている。第1章でも述べた「スロースリップ」（ゆっくり滑り）である（図2-3-1）。その間にはたまったひずみを少しずつ解放するため、大きな地震は発生しない。こうしたスロースリップは通常の地震計では捉えられないが、地面のかすかな動き（地殻変動）に現れるため、陸上の汎地球測位システム（GPS）で観測されている。

二〇一一年の東日本大震災ではスロースリップが本震の起きる二か月ほど前から震源近くで発生し、巨大地震の引き金となったと考えられている。また、近年地震が多発する千葉県

図2-3-1. スロースリップ地震の発生メカニズム

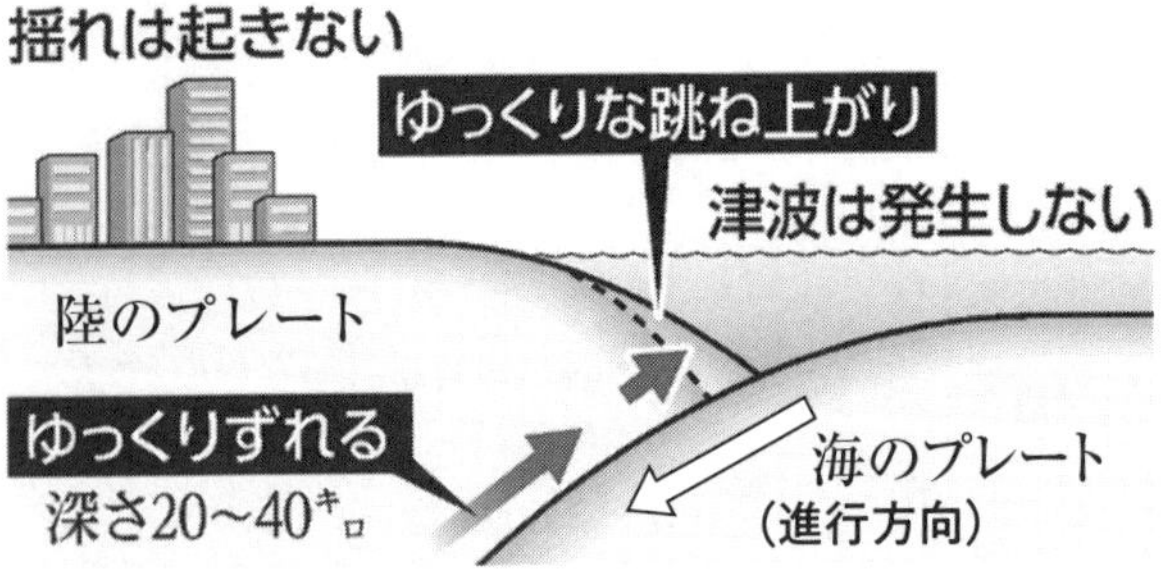

の東方沖でも、スロースリップが発生した後に比較的大きな地震が起きている（第1－2節を参照）。

南海トラフでも場所によって、5～8センチメートルのゆっくり滑る地殻変動が観測されている（図2－3－2）。その直下では海底のプレートが北西に向けてもぐり込むが、スロースリップの動きはこれとは反対の方向である。

気象庁は南海トラフの想定震源域で異常な動きを見つけると、専門家を招集して精査する。ここで巨大地震の引き金になると判断されれば、臨時情報を出して注意を呼びかける。南海トラフ巨大地震の可能性が高まったことを伝える「南海トラフ地震臨時情報」として発表されるのである。

次に起きる南海トラフ巨大地震のマグニチュードは9・1と予想されているが、巨大地震を年月日の単位で「短期予知」することは現在の地震学では全く不可能である。

図2-3-2. 南海トラフで確認されたスロースリップ地震

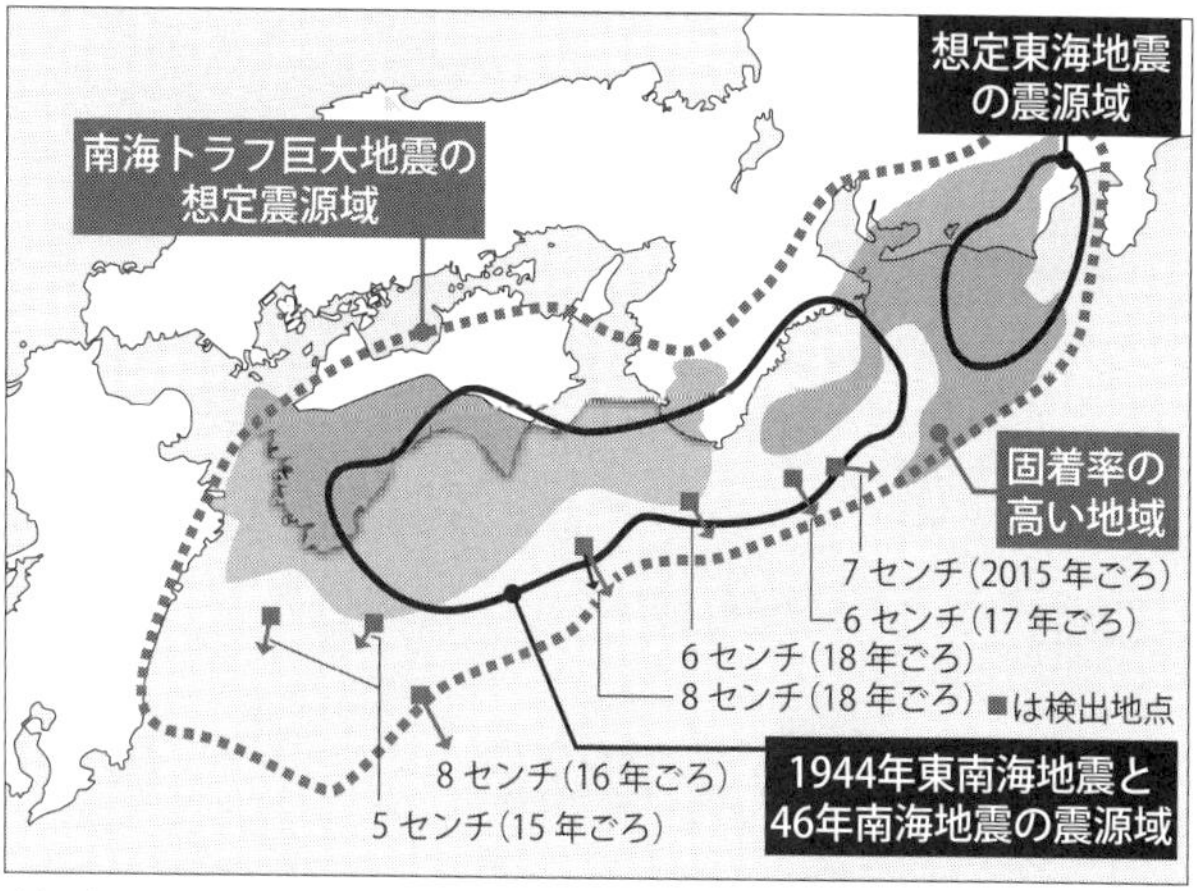

（出所）東京大学生産技術研究所と海上保安庁の共同研究グループ資料より筆者作成

よって、過去に起きた地震の解析から二〇三五年±五年頃に起こると「長期予測」されているだけである（図2－1－3）。

二〇三五年に向けて、気象庁と大学などの国立研究機関は、南海トラフ巨大地震が最初に発生する地点と時期を可能な限り特定することに全力を挙げている。スロースリップに関する情報が南海トラフ巨大地震の予測と減災につながることが期待されているが、現在は研究途上にある。

南海トラフ巨大地震の「半割れ」現象

南海トラフ巨大地震は、確認できる限り歴史上9回起きている。その際に震源域のすべてが割れるのではなく、時間をおいて

図2-3-3. 南海トラフを震源とする半割れの事例
（Mはマグニチュード）

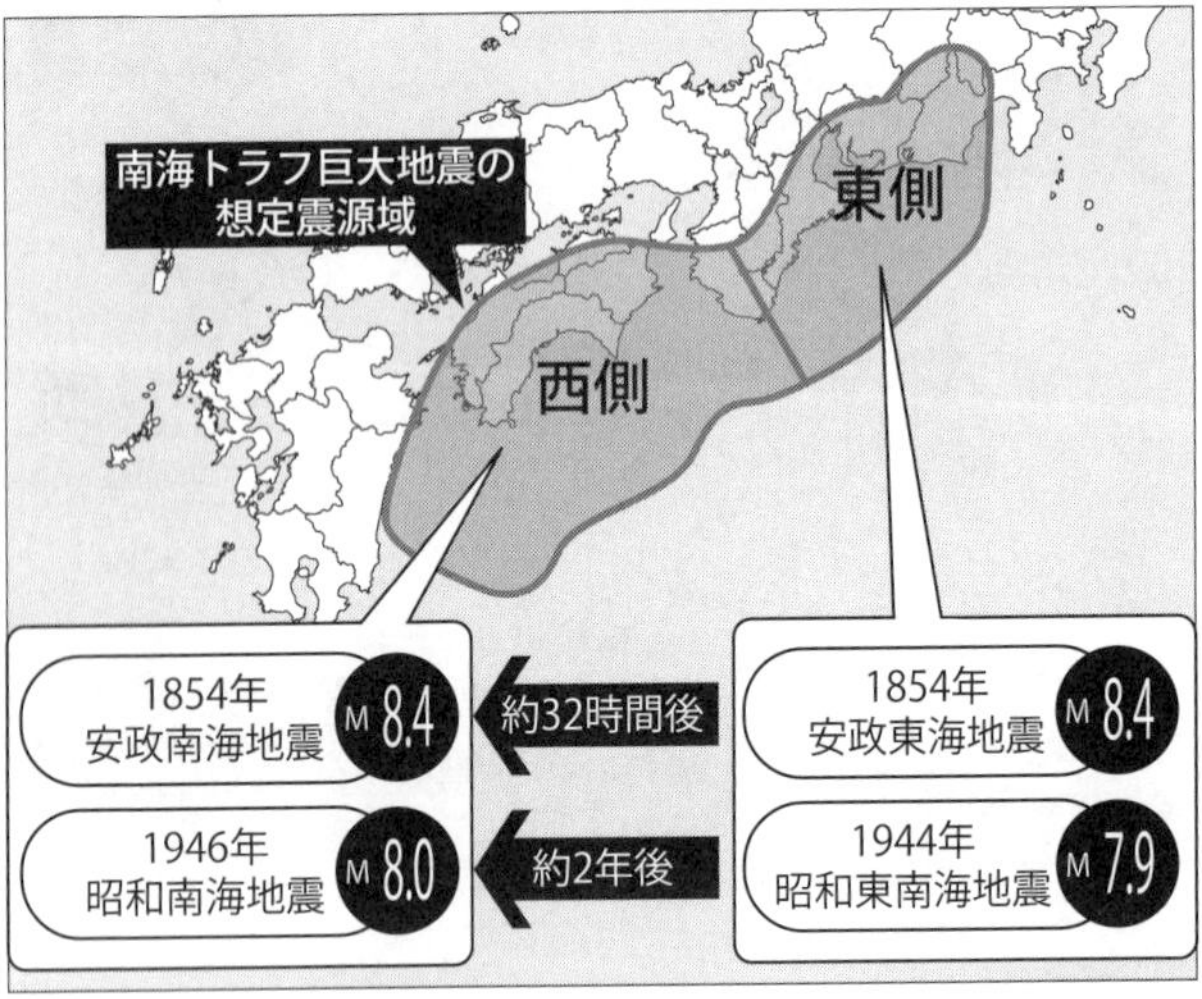

部分的に割れ目が伝播《でんぱ》することが知られている。これは「半割れ」と呼ばれる現象で、震源域の片方でマグニチュード8以上の地震が発生した後、残りの地域で連動して地震が起きる。

過去の例を見ると、半割れの時間差は二年から数十秒までとバラツキがある（図2－3－3）。具体的に見ると前回の昭和東南海地震（一九四四年）と昭和南海地震（一九四六年）では二年差で発生し、前々回の幕末（一八五四年）には安政東海地震の三十二時間後に安政南海地震が起きた。また3回前の江戸時代（一七〇七年）ではすべての震源域が数十秒で連動したと考えられている。

半割れが起きる可能性が高くなった場合に、気象庁は「南海トラフ地震臨時情報」を発令する。最もリスクが高いケースに対しては「巨大地震警戒」というキーワードが付与される。すなわち、時間差をおいて「半割れ」が起きる場合に当たり、津波からの避難が間に合わない地域の住民に対して一週間の事前避難を求める。

東北大学などの研究グループは、南海トラフ沿いで最初の巨大地震が発生した後の一週間以内に同規模の後発地震が起きる確率が、平時の99～3600倍に高まると発表した。

地震調査委員会は、南海トラフでM8～9級の巨大地震が、三十年以内に70～80％の確率で起きると試算しているが、発生日時を予知することは不可能なので、震源域の片方で地震が発生したら、直ちに残りの地域で連動地震を警戒する必要がある。

南海トラフ地震臨時情報は二〇一九年に運用が始まったが、二〇二一年度に高知県で行われた無作為調査では、「情報を知らない」が49・2％で「情報を知っている」はわずか20・3％に留まった。また、静岡県の調査（二〇二二年度）でも「聞いたことがない」が38・2％なのに対し、「知っている」は24・4％に過ぎなかった。大変危険なことに、南海トラフ巨大地震は広範囲に被害が及ぶ激甚災害であるにもかかわらず、理解が一向に進まない実態が浮き彫りになった。

南海トラフ地震臨時情報の仕組みと伝達経路

二〇三〇年代に予測される南海トラフ巨大地震の発生に向けて、震源域の内部で海底地震が観測されている。二〇二二年一月二十二日に日向灘《ひゅうがなだ》でM6・6の地震が発生し、大分県と宮崎県で震度5強を記録したのだ。

この海域は南海トラフ巨大地震が想定される震源域内にあるため、M6・8以上だった場合には気象庁から「南海トラフ地震臨時情報」が発表される。一方、この事例ではマグニチュードが基準以下だったため出なかったが、臨時情報の発表は日常生活に大きな影響を及ぼす。よって、臨時情報が発表された場合の展開を解説しておこう。

臨時情報は南海トラフ巨大地震が想定される震源域内で、M6・8以上の地震やプレート境界でのスロースリップなど地殻変動の異常が観測された場合に、マスコミを通じて直ちに発表される。これには①臨時情報（調査中）、②臨時情報（巨大地震警戒）、③臨時情報（巨大地震注意）、④臨時情報（調査終了）の4種類がある（図2-3-4）。

①の「調査中」は、地震や地殻変動の異常の観測から五〜三十分後に発表され、有識者に

図2-3-4. 南海トラフ地震臨時情報の仕組みと情報の流れ

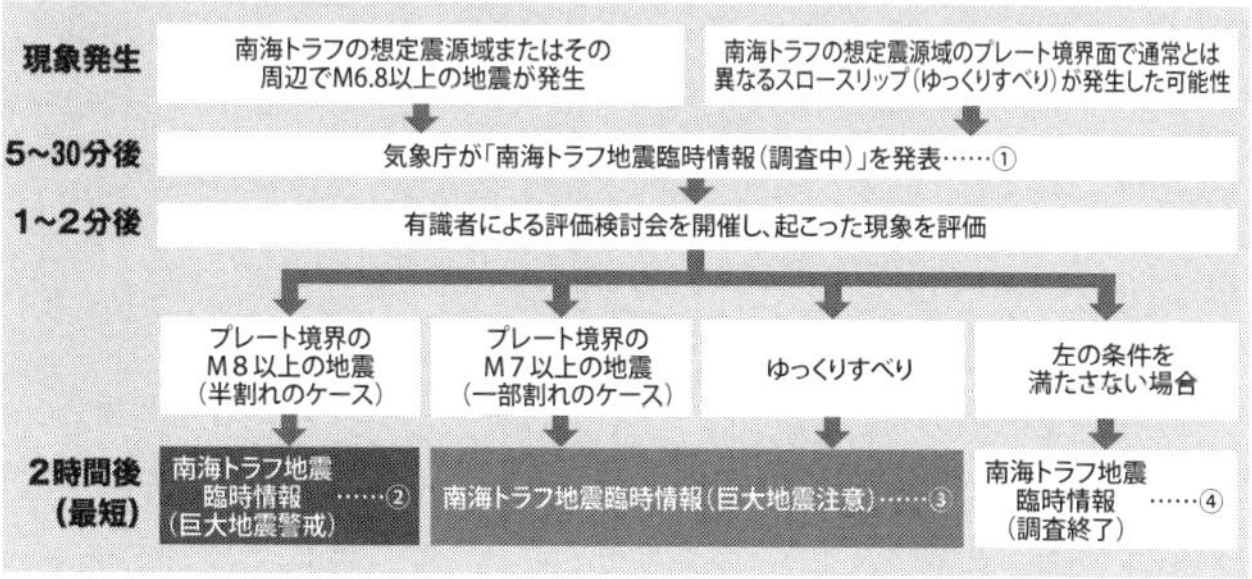
現象発生
南海トラフの想定震源域またはその周辺でM6.8以上の地震が発生
南海トラフの想定震源域のプレート境界面で通常とは異なるスロースリップ（ゆっくりすべり）が発生した可能性
5~30分後
気象庁が「南海トラフ地震臨時情報（調査中）」を発表……①
1~2分後
有識者による評価検討会を開催し、起こった現象を評価
プレート境界のM８以上の地震（半割れのケース）
プレート境界のM７以上の地震（一部割れのケース）
ゆっくりすべり
左の条件を満たさない場合
2時間後（最短）
南海トラフ地震臨時情報（巨大地震警戒）……②
南海トラフ地震臨時情報（巨大地震注意）……③
南海トラフ地震臨時情報（調査終了）……④

（気象庁による）

よる臨時の評価検討会が開催中であることを示す。その評価検討会での評価を受けて、最短で二時間後には②〜④のいずれかが発表される。

②の「巨大地震警戒」は、南海トラフ沿いのプレート境界でM8・0以上の地震が起きた場合に発表される。南海トラフ巨大地震の震源域は、東から西へ「東海地震」「東南海地震」「南海地震」の三つの領域に分かれるため、時間差なしに三連動する場合と、二年までの時間差で活動する場合に分けられる。

具体的に見ると、全域が大きく揺れるケースもあれば、震源域の西側は動いたが東側はまだ動いていないというケースもある。後者の「半割れ」の地震が起きた時、次に東側でも大きな地震が起きることを警戒して、②「巨大地震警戒」が発令される。これが出された場合には、津波が襲ってくる沿岸部の住民は一週間程度の事前避難が求められる。

次に、想定震源域でM7以上の地震が発生した場合には、「一部割れのケース」として取り扱われる。この他、ひずみ計などでスロースリップ（ゆっくり滑り）が観測された場合は、「ゆっくり滑りケース」と判断される。こうした二つの場合に③「巨大地震注意」が発令される。そして②と③のいずれにも当てはまらない場合には、④「調査終了」となる。

南海トラフ巨大地震の想定震源域は、日向灘《ひゅうがなだ》から静岡県まで広い範囲が含まれている（図2－3－2を参照）。したがって臨時情報が発表されたら、国や自治体の呼びかけに従い、後発の大規模地震に備えて直ちに防災対応を取らなければならない。

具体的には、家具の固定、家族の安否確認手段のチェック、非常用持ち出し袋の準備などである。また、地震直後には気象庁から大津波警報が出されるので、沿岸住民は緊急避難場所に避難することになる。

また、津波から避難する時間が十分に取れない地域の住民は、警報が解除された後も後発地震に備えて、一週間程度の事前避難をすることになる。それ以外の住民は後発地震に注意しつつ、通常通りの生活を行うことになる。ただし、土砂災害の恐れのある地域では、自主避難が勧められる。

こうした臨時情報は社会にまだ十分定着していないので、いきなり臨時情報を受けた人は混乱する恐れがある。また、臨時情報が出たとしても必ず地震が起きるわけではない。よって、臨時情報が出た際の行動について、普段から職場などで話し合っておく必要がある。

南海トラフ巨大地震による災害廃棄物

南海トラフ巨大地震が起きた後の復旧作業では大量の災害廃棄物が出る。環境省の作業チームは二〇二三年に、近い将来に発生が想定される南海トラフ巨大地震で、二〇一一年の東日本大震災の11倍に当たる廃棄物が発生すると試算した。地震直後に襲ってくる津波との相乗作用のため、全国で総量約2億2000万トンの災害廃棄物が発生するとした。この量は東日本大震災で出た2000万トンより一桁大きいものである。

さらに、作業チームは三年で災害廃棄物の処理を済ませる試算も行い、大型船舶25隻《せき》および10トントラック5300台が必要になるとした。震災後の大混乱の中でこれだけの数を調達するのは実は容易ではない。なお、二〇二〇年には廃棄物の総量を2億4700万トンと試算しており、建築物の耐震化が進んだことなどを反映して、二〇二三年には11％少ない数字を出した。

南海トラフ巨大地震による全体の被害想定は、先にふれたとおり二〇一二年に国の中央防災会議から出されており、犠牲者の総数32万人超、全壊する建物238万棟超、津波で浸水する面積は1000平方キロメートルに及び、経済被害は220兆円を超える。

繰り返しになるが、これが政府の一年間の租税収入（65兆円）の3倍を超える額に相当し、東日本大震災の被害総額（約20兆円）より一桁大きいことを認識する必要がある。

その後、国は津波や地震に対する意識が向上したことなどを主な理由として、二〇二〇年五月に犠牲者総数を3割減らして約23万人に、全壊または焼失する建物は1割減って約209万棟と被害想定を改めた。しかし先の調査結果にも現れているように、人々の理解はあまり進んでおらず、被害想定が減るとはとても思えない。被害想定があまりにも大きいため人々の思考が停止しており、具体的な対策に結び付いていないことが危惧されるのである。

もう一つ深刻な課題が進行中である。首都直下地震でも触れた老朽化の問題だが、以前なら地震で持ちこたえた建築物が経年劣化によって倒壊する可能性がある。

一九九五年の阪神・淡路大震災では、建築基準法の耐震基準が強化された八一年以前の建築物に甚大な被害が広がった。その後、震度5強程度の中規模の地震に対してはほとんど損傷を生じないことを目安に耐震基準が改定されたが、三十年近く経過した現在でもこの基準を満たさない不適格建物が多く残っている。

M9・1が想定される南海トラフ巨大地震により、震度7を被る地域は静岡県から宮崎県までの10県にわたる。発生予測時期の二〇三五±五年まで十年ほどの時間があることは、準備を進める意味ではプラスだが、同時に基盤インフラの老朽化も着実に進む。東日本大震災より一桁多い廃棄物が発生することを前提に、早急に耐震化を進めることが緊急課題となっている。

2-4節　日本列島を東西に貫く中央構造線の脅威

日本には大きな災害を引き起こす活断層が数多くある。日本列島で最も長大な大断層帯は、関東から四国まで長さ1000キロメートル以上に及ぶ断層の集合体「中央構造線」である。

中央構造線は今から約一億年前の中生代に誕生した。その当時の日本はアジア大陸の一部であり、太平洋から大陸の縁に沈み込むプレート運動によって、大きな地質境界ができた。

図2-4-1. 日本列島を東西に貫く中央構造線

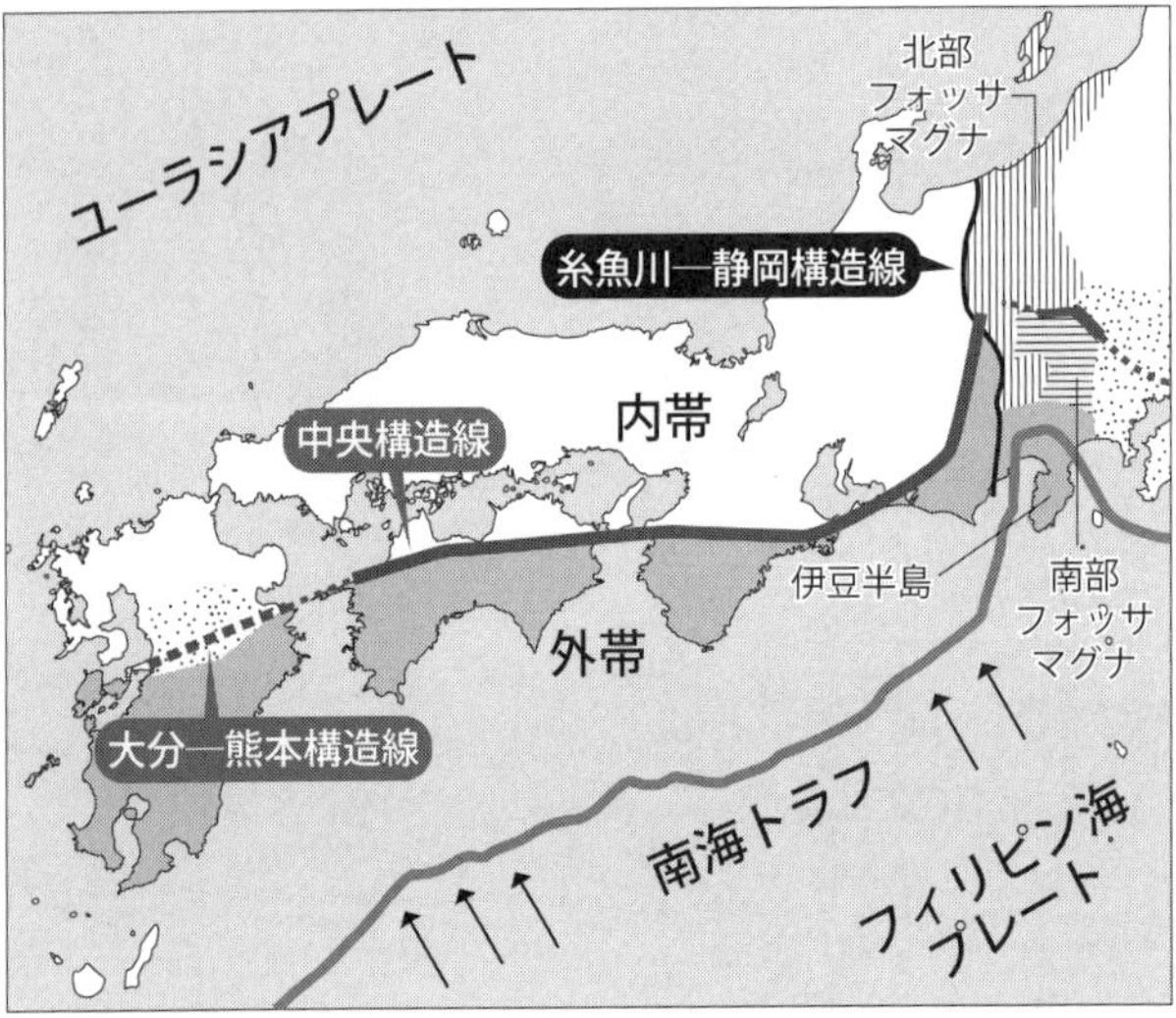

その後、日本列島は大陸から分離し現在のような弧状列島になったが、そのとき中央構造線を境として、日本海側に「内帯」、また太平洋の海溝（現在は南海トラフ）側に「外帯」という岩石地帯に分かれた（図2－4－1）。

プレート・テクトニクス理論を用いて簡単に説明すると、海のプレートが沈み込んだ結果、内帯ではマグマが発生して大量の花崗岩《かこう》が生まれた。一方、外帯ではプレート運動による「付《ふ》加体《かたい》」の活動で、海と陸で堆積した大量の地層が積み重なっていった。なお付加体とは、海洋プレートが陸側のプレートに沈み込むときに、海底の堆積物がはぎ取られて陸側に付加してできた地質構造を指す。

しかしやがて、内帯と外帯の間にあったはずの大量の地層と岩石が、中央構造線の横ずれ断層活動によって失われて、現在では内帯と外帯が中央構造線を境にピッタリ張り付いた地質構造が残ったのだ。なお、よく誤解されるが、中央構造線は過去も現在もプレートの境界ではない。

こうした中央構造線を最初に発見したのは、ドイツ人地質学者のエドムント・ナウマン（一八五四〜一九二七）である。明治政府が招いた極めて優秀なお雇い外国人で、日本全国の地質を調べている最中に西南日本を横断する大断層、すなわち中央構造線を発見した。彼によって日本列島の構造が初めて明らかになり、同時に行った化石の発掘調査で見つかったナウマン象の由来にもなっている。

ちなみに、中央構造線は関東から四国まではわかっていたが、西の九州ではどこに接続するのかが不明だった。そこで私が九州について研究し、「大分―熊本構造線」に連続することを突き止め、さらに一億年前以降に左横ずれ断層運動を行っていた中央構造線が、六百万年前から右横ずれ断層運動へ転換したことを明らかにすることができた。一九八七年に書いた博士論文（東京大学理学博士）では、このことについて発表している。

図2-4-2. 正断層・逆断層・横ずれ断層と地盤へ力のかかる向き

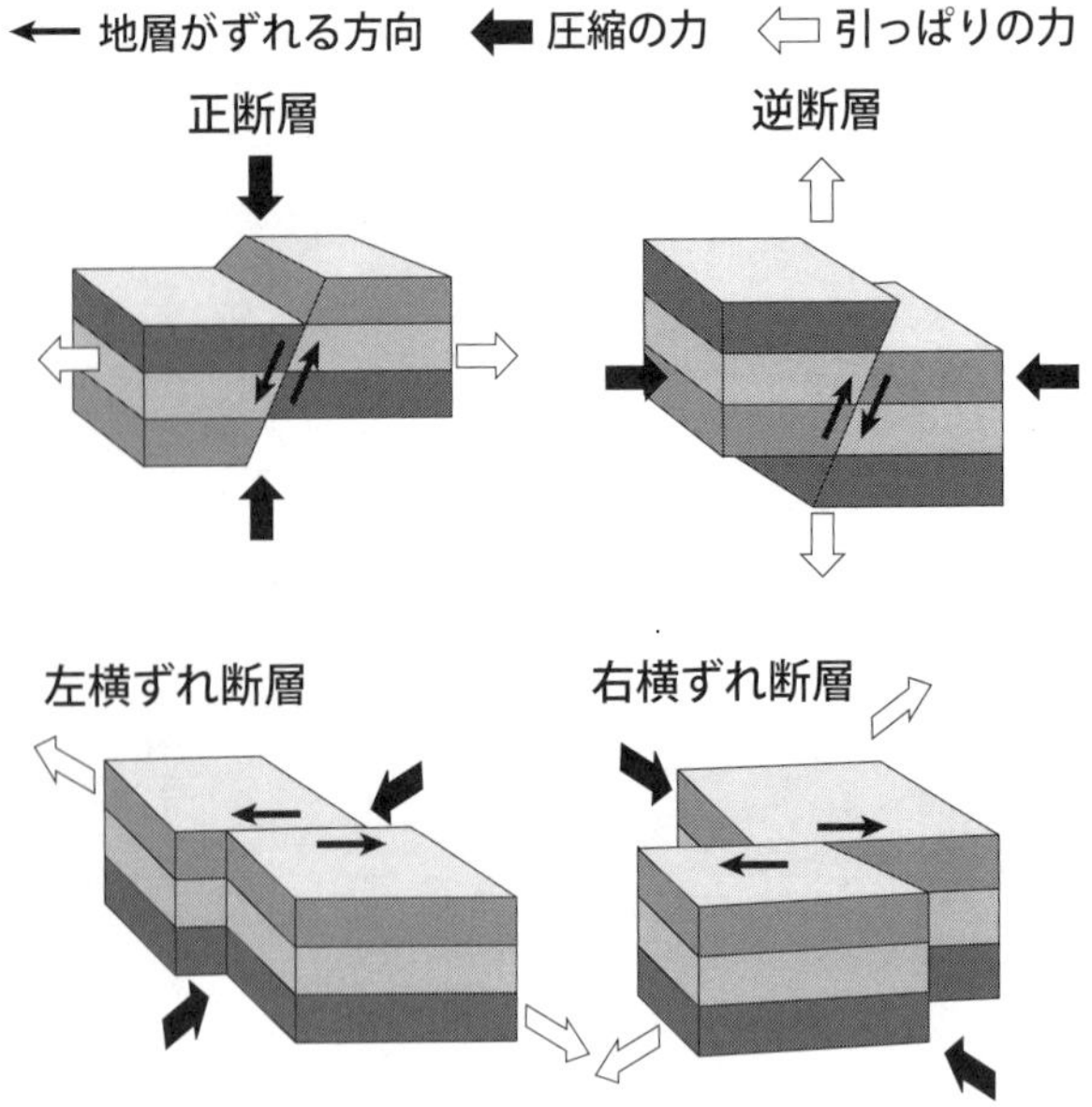

なお、横ずれ断層には右横ずれ断層と左横ずれ断層の2種類があり、それぞれ力のかかる方向が異なる（図2−4−2）。こうした動きは約百五十万年前から活発化し、こうした右横ずれは現在の地殻変動まで続いている。

これらの原因はプレート運動と密接に関係があり、八百万〜六百万年前にフィリピン海プレートの沈み込みが再開されたことから中央構造線が右横ずれ活動を開始し、さらに約百五十万年前にフィリピン海プレートの沈み込み方向が北北西から西北西へ変化したことが、中央構造線の右横ずれ活動を加速させた原因であることも判明した。いずれもその原動力は、フィリピン海プレートが斜め方向に沈み込むことによる（図はじめに、を参照、7ページ）。

すなわち、紀伊半島から四国を通って「大分─熊本構造線」に至る地域で断続的に起きている断層運動は、過去のプレート運動にその起源が求められるのである。

現在、奈良県から大分県に至る中央部は、政府の地震調査委員会によって、強震動をともなう直下型地震を引き起こす「中央構造線断層帯」として第一級の活断層に指定されている。

第一級の活断層としての「中央構造線断層帯」

中央構造線断層帯は奈良県と大阪府の境にある金剛山地を東の端とし、四国を東西に横断して西は大分県に達する全長444キロメートルの活断層帯である（図2─4─3）。特に全国の活断層の中でも、地震を起こす間隔が短いことで知られ、直下型地震の巣として警戒されている。

これまで近畿地方から四国西部までの360キロメートルが認定されていたが、前項で解

図2-4-3. 10区間に分かれる中央構造線断層帯

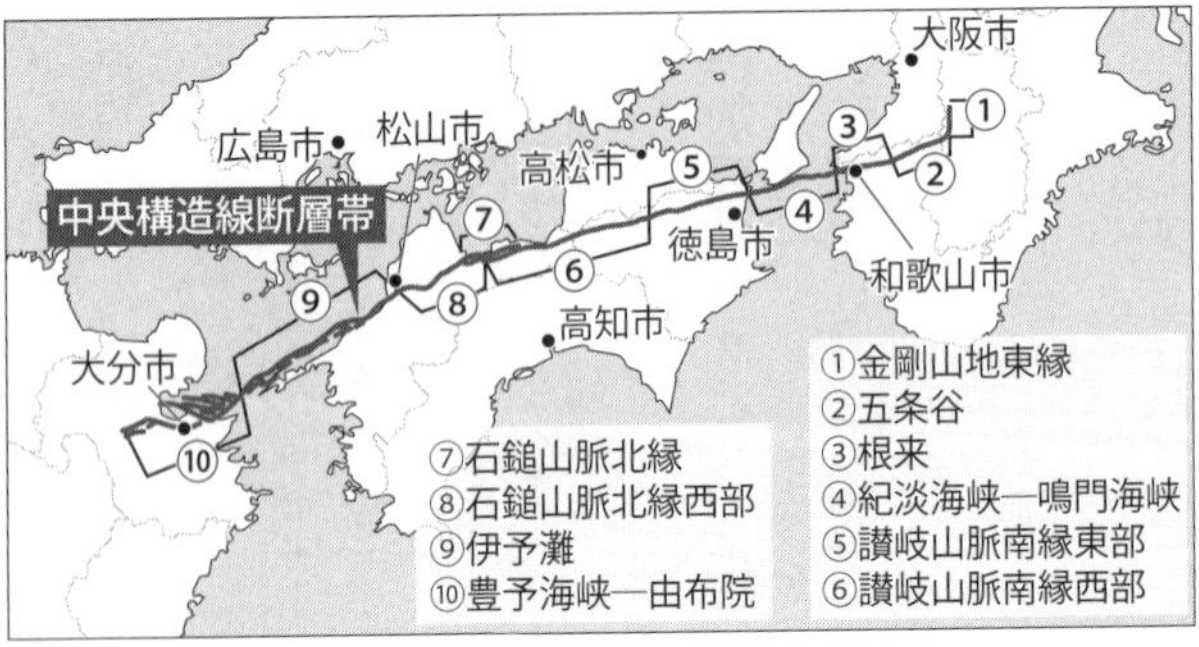

（出所）地震調査委員会資料より

説したように、中央構造線が「大分―熊本構造線」と連続することから、九州東部までの全長４４４キロメートルを二〇一七年に再認定した。具体的には、大分県の別府湾と由布《ゆふ》市周辺の活断層を中央構造線断層帯の一部として新たに認定し、断層帯は全部で10区間となった。

すなわち、六百万年もの間、右横ずれ断層運動を起こしてきた中央構造線の中で、いくつかの区間は特に活動度が高いため、さらに注意してほしい地域として指定されたのである。

ここで改めて、「活断層」とは何かを解説しておこう。一般に、最近数千年の間に繰り返しずれ動き、近い将来にもずれ動く断層を「活断層」と呼ぶ。新規に地震が発生し新しい活断層ができる場合もあるが、多くは古い断層を利用して再活動を繰り返した結果、地表に直線上の崖《がけ》などの地形を残し、活断層として認定される。

また、「断層」は地下深部で起きた地震によって地盤に生じたズレ面のことであり、「構造線」とは断層が長い時間に繰り返し動いた結果、地盤に大きな地質の境界線が生まれた場所を指す。すなわち、中央構造線断層帯は、中央構造線に沿って幅数キロメートルの範囲に断層の集合体が地下に存在する場所であり、近い将来にそのどれかが動く可能性が極めて高い。

ちなみに、過去のプレート運動の集積として生じた「地質境界としての中央構造線」と、繰り返される断層活動の集積である「活断層としての中央構造線」が、場所によっては数キロメートルほど離れていることもある。

このうち、愛媛県の石鎚《いしづち》山脈北縁西部区間はM7・5程度の地震が今後三十年以内に発生する確率として、0～12％と最も高く評価されている。また、四国地域全体ではこの他の活断層の評価なども踏まえ、今後三十年以内にM6・8以上の地震が発生する確率が9～15％とされた。

なお、中央構造線断層帯の活動が、二〇三五年±五年に発生が予測されている南海トラフ巨大地震に誘発されるかどうかが懸念される。結論としては、海溝型地震と直下型地震はそれぞれ起きるメカニズムが異なり、プレート運動が直接活動の引き金を引くものではない。

それでも今後三十年以内に起きる確率が70～80％、もしくは四十年以内の発生確率90％程度とされる南海トラフ巨大地震とともに、中央構造線断層帯の警戒を緩《ゆる》めてはならない。

コラム5 モロッコで逆断層型のM6・8地震

北アフリカ・モロッコの古都マラケシュの南西に70キロほど離れた内陸部で、二〇二三年九月八日深夜に深さ23キロメートルを震源とするM6・8の大地震が発生した（図コラム5－1）。

震源地の近くでは、気象庁の震度階級に換算して震度5強から震度6弱に当たる激しい揺れが観測され、北東に350キロメートル離れた首都ラバトでも揺れが感じられた。モロッコ中部では多数の建物が倒壊して甚大な被害が生じ、死者が2900人を超えるなど大災害となっている。

モロッコはアフリカプレートの上にあり、地中海西端のジブラルタル海峡をはさんで北側のユーラシアプレートに接する位置にある。

図コラム5-1. モロッコで起きた直下型地震の震源

プレート・テクトニクス理論では、アフリカプレートはユーラシアプレートに向かって年数センチメートルというゆっくりした速度で北へ移動している。今回の地震はモロッコを東西に貫くアトラス山脈の西端で発生したもので、山脈に沿って東西方向の「逆断層」がある。

「逆断層」とは岩盤どうしが押し合って片方の岩盤がもう片方の岩盤の上に乗り上げるタイプの断層で、気象庁が行った発震機構の解析によれば、今回の地震は南北方向へ圧力がかかる「逆断層型」の地震だった（第2－4節の図2－4－2を参照）。なお、横ずれを伴う逆断層型の地震は一九九五年の阪神・淡路大震災で

図コラム5-2. 阪神・淡路大震災で出現した野島断層の逆断層

鎌田浩毅撮影
兵庫県淡路市の野島断層保存館で

も起きている（図コラム5－2）。

また、国土地理院による地球観測衛星「だいち2号」のデータ解析では、今回の震源付近が最大20センチメートル隆起し、南側は最大7センチメートル沈降する地殻変動が起きていたことがわかり、断層の動きと整合する。

内陸部に逆断層型の活断層

モロッコでの近年の地震活動は、二つのプレート境界がある北部で起きていたが、今回の地震はそれより南側で発生した。地震が頻発するプレート境界と異なり、ここでは過去に大規模な地震が少なかった。記録が残る一九〇〇年以降で見ると、今回の震源から500キロメートル以内の地域でM5以上の地震は9回起きていたが、M6を超えたのは初めてである。

被害で見ると、一九六〇年にはモロッコ南西部で発生したM5・9のアガディール地震で1万3000人以上が、二〇〇四年には地中海沿いの北岸付近で発生したM5・9の地震で約6000人が犠牲となっており、今回はそうした地震に匹敵する災害となった。今回はまた、世界遺産に登録されたマラケシュの旧市街地でも被害が大きく、旧市街を囲む歴史的な城壁の一部が崩れ落ちるなどした。

被害が増大した原因について、泥レンガの家屋や石積みの建造物が密集し、耐震強度が低かったことが挙げられる。さらに、地震が夜中に発生したため避難が遅れたこと、もともと地震が少ない地域だったため住民の防災への備えが不十分だったことも考えられる。

日本列島は太平洋プレートが数千万年にわたって東から西へ押し続けているため、内陸部には逆断層型の活断層が多く、しばしば直下型地震を起こしてきた。地震を起こす頻度が少ない場合でも、数千年から数万年の周期で活動し、そのたびに大きな被害が生じる恐れがある。こうした地震はいつ起きてもおかしくないと考え、準備を怠らないようにしたい。

2－5節

九州・沖縄沖の琉球海溝M9地震

ここまで南海トラフ巨大地震について紹介してきたが、日本人が警戒すべきM9クラスの地震は南海トラフ巨大地震だけではなく、あと二つ考えられている。ここからはまず、そのうちの一つである琉球海溝で発生する巨大地震について取り上げたい。

九州から南西へ沖縄を通り南西諸島まで続く海域には、M9クラスの震源域がある。南海トラフの南西端では陥没地形の方向が南に傾き、長さ1000キロの琉球海溝に連続する（図2－5－1）。この琉球海溝は南西諸島に西端で台湾に続くが、南海トラフと同様にフィリピン海プレートの沈み込みによって巨大地震が起こると想定されている。

政府の地震調査委員会は、二〇二二年三月に琉球海溝で起きる海溝型巨大地震に関する長期評価を公表し、南西諸島周辺でM8の巨大地震が起きる可能性があるとした。

具体的には琉球海溝に沿って並ぶ震源域で、最大高30メートルの大津波と、震度7の強い揺れが発生するという。また今後三十年以内にM7地震が起きる確率は、与那国島《よなぐに》周辺で90％以上、また沖縄本島に近い南西諸島北西沖で60％程度と評価した。

図2-5-1. 琉球海溝周辺の30年以内の地震発生確率

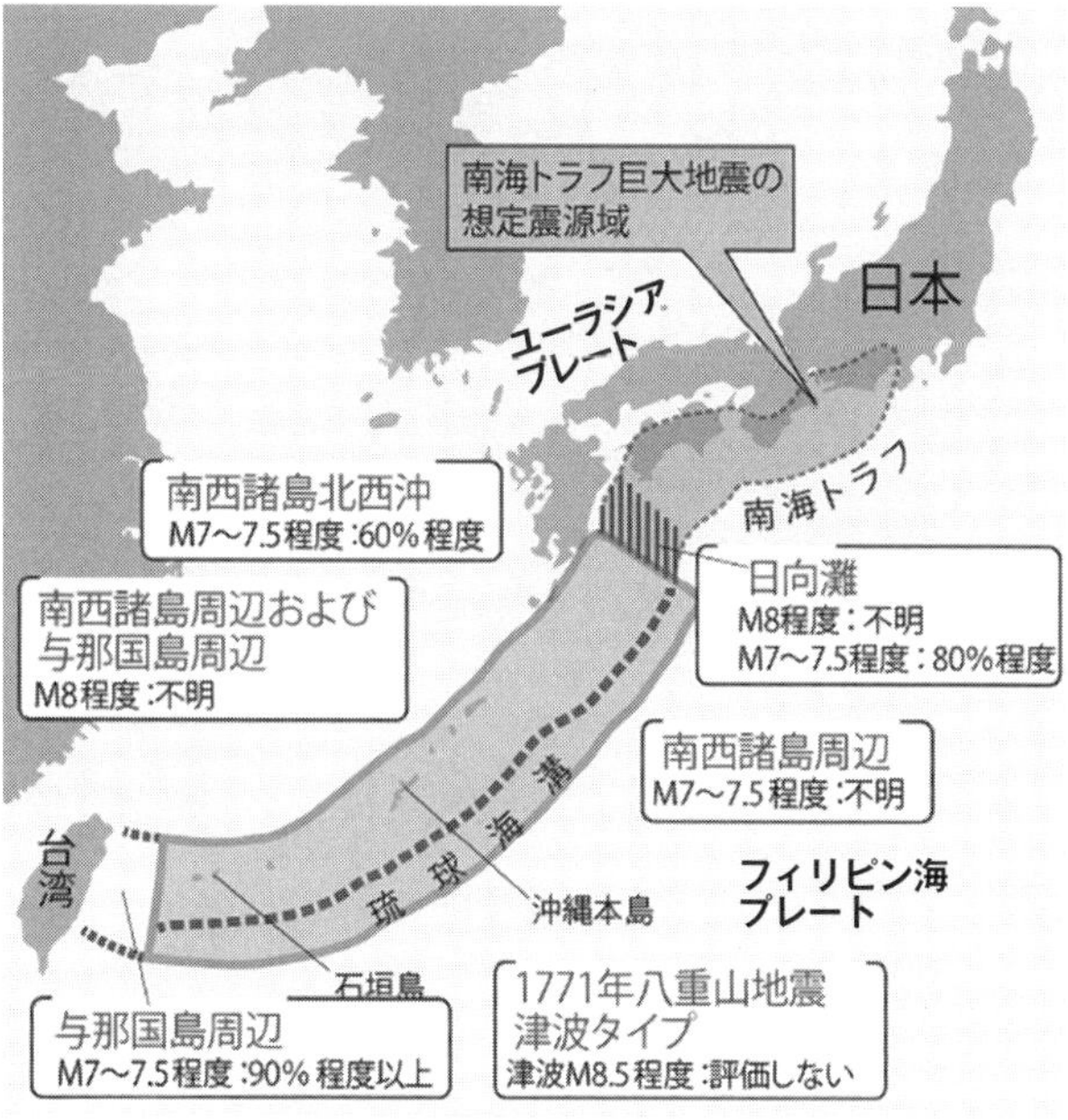

（注）2022 年 1 月 1 日時点の長期評価
（出所）地震調査委員会資料により

「史上最大」の一七七一年八重山地震津波

これまで琉球海溝では数百年に一度の頻度で巨大津波が繰り返し発生してきたことが、津波堆積物の調査から判明している。江戸時代中期の一七七一年に琉球海溝を震源とする高さ30メートルの大津波が八重山諸島を襲い、宮古《みやこ》・八重山《やえやま》で1万2000人の死者・行方不明者を出した。

全壊した家屋は八重山列

図2-5-2. 1771年の八重山地震津波によって運ばれた津波石

地震調査委員会資料による（後藤和久教授撮影）

島で２２００棟、宮古列島で８００棟以上とされ、石垣島では完全に消滅した村もあった。歴史上で「八重山地震津波」または「明和の大津波」と呼ばれる激甚災害である。

琉球海溝に向いた石垣島の東海岸には、この津波で海底から運ばれた重さ２００トンを超える巨大な石が多数転がっている（図２－５－２）。これらは「津波石」と呼ばれているが、その多くは珊瑚《さんご》礁《しょう》からなる石灰岩で大きな木が茂る。こうした津波石の分布と年代測定から、過去にも同様な規模の大津波が繰り返し発生したことが判明した。

ちなみに、私が一九七〇年代に在籍し

ていた東大理学部地学科では、津波の高さ100メートルに達する史上最大の津波が発生し、八重山諸島の政治経済の中心地の石垣島が壊滅したと学んだ。

当時は琉球王国が支配する地域で、この津波は中国の元号に因んで「乾隆《けんりゅう》大津波」と呼ばれていた。琉球王朝は他の島嶼《とうしょ》から人々を入植させて被害の早期復興を図った。その後に津波高は30メートルと確定したが、日本最大級の津波が襲ってきたことは確かである。

石垣島の地層には巨大津波によって運ばれてきた砂層の痕跡が見つかっている。これらの解析から、八重山地震津波と同規模の津波が二千年間に少なくとも3回発生し、琉球海溝では百五十～六百年の周期で大津波が発生したと考えられている。

「海底地滑り」で想定外の大津波が発生する

八重山地震津波は地震動をともなったことは歴史記録に残っているが、津波が異常に大きいという特徴がある。すなわち、一七七一年の地震では震源に近い石垣島で震度4程度にしか過ぎず、地震の規模（M7・4）と比べると発生した津波が大きすぎる。

これは個々の津波石の詳細な検討からわかってきた。石垣島の東海岸に残された巨岩のうち、重量35トンの岩は明らかに一七七一年の津波で上がったものである。一方、最大200

トンの岩はこの津波では動かず、それ以前の約二千年前の大津波で上がったことが判明した。

一七七一年の津波が地震規模の割に大きかったのは、地震断層が起こした津波だけではなく「海底地滑《じすべ》り」が起きたためと考えられる。実は、ニュージーランドなど世界各地で、地震の規模から算出される理論値よりも大きな規模の津波が起きる事例が報告されている。

現在、気象庁は地震のマグニチュードと地震断層が動いた量から、津波の高さを予測し各種の警報をリアルタイムで発令している。そのシステムに海底地滑りの観測は入っておらず、予測した津波の高さを超えるものが出る可能性がある。二〇二四年の能登半島地震では、富山湾内で海底地滑りが発生し、予測とは異なる津波が到達した。これについては3－1節で改めてくわしく取り上げる。

琉球海溝で起きる大規模な津波は百五十～六百年の周期で襲ってきた。ところが現代の地球科学では最後の一七七一年の事例しか知らず、近未来の地震津波の具体的な予測を立てることができない。

琉球海溝沿いで過去に大規模な津波が発生した原因については、海底地滑り、津波地震、分岐断層の活動という複数の説が出されており、まだ結論は得られていない。よって地震調査委員会も、津波の記録はあるが主因は明らかでなく、また発生領域を特定することも困難なので、発生確率の詳細な評価は控えている。

将来この海域で起きる地震の規模については、八重山地震津波の津波マグニチュードを参考にしておおむねM8・5程度と評価されている。一般にM8クラスの巨大地震では、強い揺れに襲われる面積が広くなり、津波も広範囲で陸上を遡上するので、今後も厳重な警戒が必要である。

九州島も想定震源域に入る「琉球―東海巨大地震」という仮説

明治時代には一九一一年に奄美《あまみ》大島周辺を震源とする喜界島《きかいじま》地震（M8・0）が起きた。奄美大島と喜界島では震度6、また沖縄島では震度5の揺れがあり、近畿地方でも震度2～3を記録した。この地震により喜界島では家屋2500棟のうち401棟が全壊し、死傷者が多数出た。同時に発生した津波によって奄美大島では多数の家屋が浸水した。

地震調査委員会は、今後もこの地震と同規模の地震が発生する可能性があるとしているが、過去1回の記録しかないため地震の発生確率は不明としている。このように琉球海溝で起きる大地震の評価は、南海トラフ巨大地震と比べると記録が非常に少ないため評価が大変

図2-5-3. 琉球-東海巨大地震の想定震源域

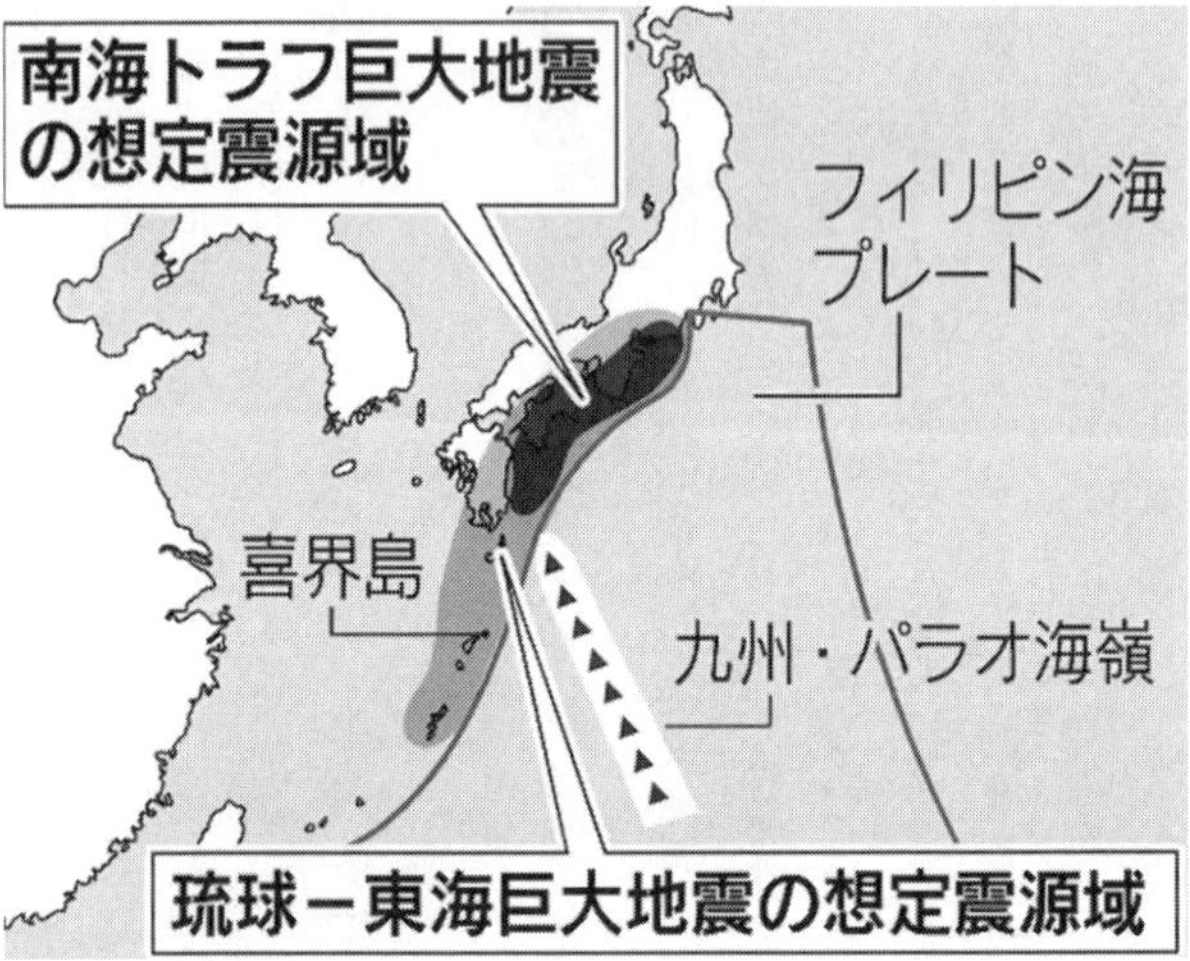

日本経済新聞による図を一部改変

困難な状況にある。一方、琉球海溝と南海トラフの巨大地震が連動する可能性を指摘する研究者もおり、国としても「琉球―東海巨大地震」を研究課題の一つと考えている（図2―5―3）。

また、南西諸島の西にある与那国島周辺は、M7クラスの地震が頻繁に発生する領域である。一九一九年から二〇二二年の間にM7・0～7・5程度の地震が12回発生し、約九年に1回の頻度でM7クラスの地震が起きている。

さらに一九二〇年六月に台湾付近で起きた地震（M7・4）では、沖縄県那覇《なは》市と石垣市で震度5を記録した。この時に台湾では犠牲者5人と全壊住家203

軒の被害が出た。地震調査委員会の評価では、与那国島周辺で今後三十年以内にM7・0〜7・5の地震が発生する確率は90％程度以上とされている。

ちなみに、最近の研究で琉球海溝では「スロースリップ」「低周波地震」といった緩慢なすべり現象が時折発生していることが、GPSを用いた地殻変動と海底地震の観測からわかってきた。現在、政府は南海トラフ巨大地震を第1の防災ターゲットとし日本海溝・千島海溝地震を次の対象としている（第3－5節を参照）。今後は西方の琉球海溝に対しても、M9クラスの巨大地震の発生域として国家の危機管理課題に加えて早急に対処する必要がある。

九州・沖縄の活火山の活動

九州には17の活火山があり、沖縄県には二つの活火山がある（図2－5－4）。これらは大分県にある鶴見岳《つるみだけ》・伽藍《がらん》岳、由布岳、九重山《くじゅうさん》、熊本県にある阿蘇山、長崎県にある雲仙岳、福江火山群、鹿児島・宮崎県境にある霧島山《きりしまやま》、鹿児島県にある米丸《よねまる》・住吉池《すみよしいけ》、若尊《わかみこ》、桜島、池田・山川《やまがわ》、開聞岳《かいもんだけ》、薩摩硫黄島《いおうじま》、口永良部《くちのえらぶ》島、口之島、中之島、諏訪之瀬《すわのせ》島の計17火山である。また沖縄県には硫黄鳥島《いおうとりしま》と西表島《いりおもてじま》北北東海底火山の2火山がある。

このうち21世紀に噴火が継続している活火山は阿蘇山、霧島山、桜島、薩摩硫黄島、口永良部島、諏訪之瀬島の六つである。また二〇〇七年十二月から気象庁は「噴火警戒レベル」を発表しており、上記の6火山で噴火警戒レベルが2以上に引き上げられた。

阿蘇山は私が二十代で火山学を始めた火山で（拙著『火山はすごい』ＰＨＰ文庫を参照）、中央にある中岳火口の周辺には毎年多数の観光客が訪れる。過去にはこうした人を襲う火山災害が多発しており、一九五八年六月の爆発では犠牲者12名が出た。

最近では二〇〇九年から小規模噴火を繰り返し二〇一四年十一月～二〇一五年四月にストロンボリ式噴火を起こした。二〇一五年、二〇一六年、二〇二一年には火口底の水とマグマが接触するマグマ水蒸気噴火が発生し、火口から1キロメートルを超える距離まで噴石や火砕流が達した。

霧島山の新燃岳では二〇一一年一月にマグマ噴火を起こし噴煙が高度7000メートルに達する準プリニー式噴火となった。その後二〇一八年三月には溶岩で満たされた火口の外へマグマが流出した。霧島山は一七一六年と一七一七年に起こした大噴火以来三百年ぶりの活動期にある。

薩摩硫黄島では一九三四年には東の海域で海底噴火が発生し、軽石を噴出した後に昭和硫

図 2-5-4. 日本の活火山

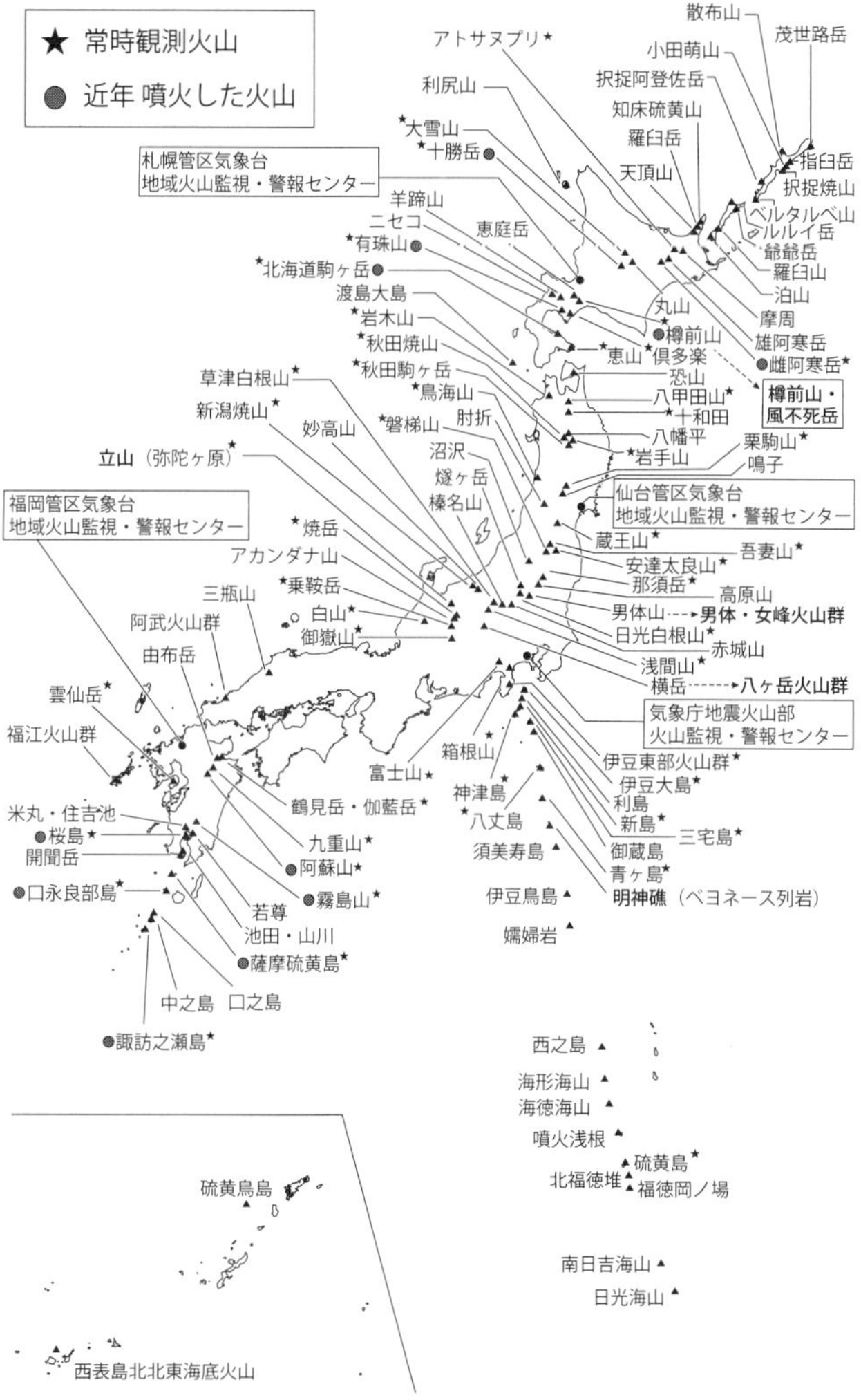
★ 常時観測火山
● 近年 噴火した火山
札幌管区気象台
地域火山監視・警報センター
仙台管区気象台
地域火山監視・警報センター
福岡管区気象台
地域火山監視・警報センター
気象庁地震火山部
火山監視・警報センター
散布山
茂世路岳
小田萌山
択捉阿登佐岳
知床硫黄山
羅臼岳
天頂山
指臼岳
択捉焼山
ベルタルベ山
ルルイ岳
爺爺岳
羅臼山
泊山
摩周
雄阿寒岳
●雌阿寒岳★
樽前山・
風不死岳
アトサヌプリ★
利尻山
★大雪山
★十勝岳●
羊蹄山
ニセコ
恵庭岳
★有珠山●
★北海道駒ヶ岳●
渡島大島
★岩木山
★秋田焼山
★秋田駒ヶ岳
★鳥海山
丸山
●樽前山
★恵山
倶多楽
恐山
八甲田山★
★十和田
八幡平
★岩手山
栗駒山★
鳴子
草津白根山★
新潟焼山★
妙高山
★磐梯山
肘折
沼沢
燧ヶ岳
榛名山
立山（弥陀ヶ原）★
蔵王山★
吾妻山★
安達太良山★
那須岳★
高原山
男体山→男体・女峰火山群
日光白根山★
赤城山
浅間山★
横岳→八ヶ岳火山群
★焼岳
アカンダナ山
★乗鞍岳
三瓶山
白山★
御嶽山★
阿武火山群
由布岳
雲仙岳★
福江火山群
箱根山★
富士山★
伊豆東部火山群★
伊豆大島★
利島
新島★
三宅島★
神津島★
★八丈島
須美寿島
御蔵島
青ヶ島★
伊豆鳥島
明神礁（ベヨネース列岩）
孀婦岩
鶴見岳・伽藍岳★
九重山★
●阿蘇山★
●霧島山★
米丸・住吉池
●桜島★
開聞岳
●口永良部島★
若尊
池田・山川
●薩摩硫黄島★
中之島　口之島
●諏訪之瀬島★
西之島
海形海山
海徳海山
噴火浅根
硫黄島★
北福徳堆
福徳岡ノ場
南日吉海山
日光海山
硫黄鳥島
西表島北北東海底火山

返している。

黄島ができた。硫黄岳火口では二〇一三年、二〇一九年、二〇二〇年に小規模な噴火を繰り返している。

口永良部島は新岳で噴火活動を繰り返してきたが、二〇一五年五月の噴火では火砕流が海岸付近まで達した。これを受けて気象庁は設置以来初めてとなる噴火警報レベル5を発令し、屋久島の住民が島外避難した。

南西諸島にあるトカラ列島には活発な噴火を繰り返す諏訪之瀬島の御岳《おたけ》があり、御岳山頂付近では二十世紀以降にブルカノ式およびストロンボリ式噴火が繰り返されている。二〇二〇年十二月に活動が激化し、現在も頻繁な爆発が続いている。

このほかに鹿児島湾の奥にある桜島も非常に活動的である。一九四六年には昭和火口からの溶岩を流出し、一九五五年から南岳《みなみだけ》山頂で爆発的噴火を繰り返している。気象庁の噴火警戒レベル3が継続中だが、二〇一五年八月には顕著な地盤変動をともなって火山性地震が起きたことを受けて一時噴火警戒レベルが引き上げられた。

桜島では一九一四年（大正三年）に二十世紀最大規模の大噴火を起こした。火山灰を含む噴煙は高度8000メートル以上に達し、山麓では一日に厚さ2メートルの火山灰が降り積もった。

噴火の八時間後にはマグニチュード7・1の大地震が起こり鹿児島市街を直撃し、58人の死者・行方不明者が発生し121棟の家屋が全壊した。大正三年に起きたことから「大正噴火」と呼ばれている。

これまで桜島で約百十年にわたって観測された地殻変動は、地下のマグマが休むことなく上昇中であることを示している。もし蓄積量が大正並みに達すれば、同程度の大噴火がいつ発生しても不思議ではない。

現在、桜島で観測中の地盤変動や地震から、大正噴火で出た量の九割に相当する量までマグマは回復していることが判明した。大正クラスの大規模噴火が直ちに起きる兆候はないが、回復速度から次の噴火は二〇二〇年代と予測されている。

また、桜島と諏訪之瀬島ではいずれも爆発が続いているが、桜島と諏訪之瀬島は互いに独立に活動する活火山なので、噴火が連動しているわけではない。

さらに、鹿児島県の南方海域にあるトカラ列島近海では、二〇二二年四月から地震が相次ぎ、十島村《としまむら》の悪石島《あくせきじま》では震度4の揺れを観測した。こうした活動は桜島とは距離が十分に遠いため、同様に直接の関係はない。

現在、九州の活火山は気象庁に所属する福岡管区気象台の地域火山監視・警報センターが監視と警戒に当たっている（図2－5－4）。南海トラフおよび琉球海溝で発生する地震防災とともに、この地域の活火山の火山防災も重要な地域の課題である。

コラム6 スーパーサイクルの超巨大地震

二〇一一年三月に発生し、2万人近い犠牲者を出した東日本大震災の地震の予測には苦い経験がある。それまで宮城県沖では平均三十七年間隔でM7クラスの大地震が起きていたので、政府の地震調査委員会は今後三十年以内にM7・5の地震が起きる確率99％を想定していた。

ところが、実際に東日本を襲った地震はM9・0という超大型だった。Mは0・1ごとに地震が放出するエネルギー量が1・4倍増えるので、想定されてきた地震の約178倍も大きな巨大地震が起きるとは、地震学者にとって青天の霹靂《へきれき》だったのである。

その後、日本列島の周辺海域で超巨大地震ともいえる地震が数百年単位で起きることがわかってきた。すなわち「スーパーサイクル」という周期の巨大地震の予測である（図コ

図コラム6. スーパーサイクルによる超巨大地震の起き方

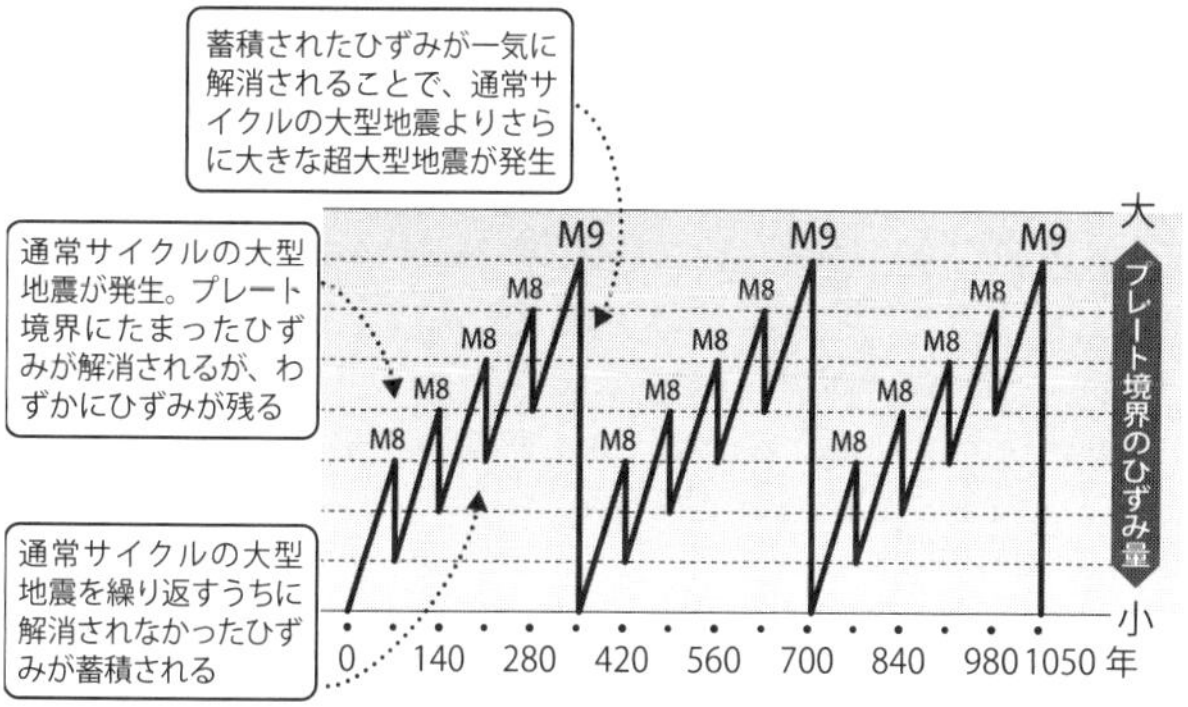
蓄積されたひずみが一気に解消されることで、通常サイクルの大型地震よりさらに大きな超大型地震が発生
通常サイクルの大型地震が発生。プレート境界にたまったひずみが解消されるが、わずかにひずみが残る
通常サイクルの大型地震を繰り返すうちに解消されなかったひずみが蓄積される
M9
M8
大
プレート境界のひずみ量
小
0
140
280
420
560
700
840
980
1050
年

佐竹健治教授による図を一部改変

ラム6)。

東日本大震災の前に起きていた宮城県沖地震では、プレート境界でわずかに滑り残す部分があった。そして通常の周期で起きる地震の度にこうした滑り残しが積み重なり、数百年ごとに一気に動いてM9の膨大なエネルギーを放出した。これがスーパーサイクルで起きる超巨大地震のメカニズムで、観測によって東日本大震災では広範囲のプレートが一気に動いたことが判明した。

近年、日本各地の沿岸に残された津波堆積物の調査から、現在想定されている大地震をはるかに上回るスーパーサイクル巨大地震と、大津波が襲う恐れのある地域が明らかになってきた。

産業技術総合研究所が南海トラフ巨大地震に関する過去の痕跡を調べたところ、震源域のほぼ中央に位置する紀伊半島の沿岸で、四百〜六百年の周期で地盤が大きく隆起し、巨大地震が起きた可能性が高いことが判明した。

南海トラフで最後に発生した巨大地震は一七〇七年に起きた宝永地震で、現在三百年以上も過ぎている。したがって、二〇三五年±五年に想定されている次回の地震はスーパーサイクル型の巨大地震となる可能性がある。

同様に、北海道の太平洋沿岸に残された津波堆積物を調べた結果、巨大地震が大津波を伴いながら約三百五十年の周期で起きていたことがわかった。

北海道沖の千島海溝では、一六一一年に前回のM9クラス巨大地震が発生してから約四百年が経過しており、ここでもスーパーサイクル巨大地震が切迫している可能性は否定できない。千島海溝の地震については改めて3-5節でくわしく解説する。

さらに、こうした数百年単位で起きるスーパーサイクルによる巨大地震の可能性があるのは、2-5節で解説した琉球海溝も同様である。

一方、こうしたスーパーサイクル巨大地震のメカニズムと発生時期の予測はまだ研究途上であり、社会全体にほとんど知られておらず防災対応が非常に遅れている。

数百年も経験がない激甚災害については、コンピュータシミュレーションによって被災状況を前もって予測し、どこからどの順番で復興するかを具体的に決める「事前復興」を発災前に進めておく必要がある。そのためにも社会全体でその存在を認知し、最悪に備える対策を早急にスタートする必要がある。

2-6節　琉球―台湾海域の地震と津波

九州・沖縄沖の震源域が連なる琉球海溝の西方は台湾に接続している。台湾と日本はいずれも「環太平洋変動帯」に位置し、フィリピン海プレートの沈み込みによって地殻変動が生じるという地学上の共通点がある（7ページの図はじめにを参照）。

一方、琉球諸島（南西諸島）と台湾ではプレート沈み込みの様式が変わり、地震の起き方にも変化が生じる。台湾東部の花蓮《かれん》県沖で、二〇二四年四月三日に最大震度6強を記録する直下型地震が発生した。

日本時間午前八時五十八分に起きた地震の震源の深さは25キロ、地震の規模はM7・2と推定されている。震源地は花蓮市の沖合18キロメートルの海域で、その後M6・5の揺れを観測するなどM4以上の余震が200回以上発生した。

花蓮県で震度6強の揺れを観測したほか、北東部の宜蘭《ぎらん》県で震度5強、また北部の台北市や中部の台中市など広範囲で震度5弱の揺れを観測した。最大の震度を観測した花蓮市では多くの建物が半壊し、ビル1階部分が崩れて大きく傾き、70世帯以上が閉じ込められた。これまで死亡者17人、負傷者1000人以上が報告されている。

また山崩れが発生し、台湾新幹線は全線で運行を見合わせた。最大35万戸が停電し、広い範囲で水道やガスが止まるなどライフラインに大きな影響が出た。米アップルなどに半導体を提供している大手の台湾積体電路製造（TSMC）は、北西部と南部の工場から従業員を避難させた。

台湾の中央気象署は地震のあと津波警報を出し、北東部の宜蘭県で82センチメートル、東部の台東県で54センチメートルの津波が観測された。日本ではこの地震によって沖縄県の与那国町で震度4を観測した。

気象庁は直ちに宮古島《みやこじま》・八重山《やえやま》地方と沖縄本島地方に一時最大3mの津波警報を発表した。その後、与那国島と宮古島で30センチメートル、石垣島で20センチメートルの津波がそれぞれ観測される。午前十時四十分に気象庁は津波警報を注意報に切り替えた。

台湾でも地震が頻発している

二〇二四年四月の地震の震源付近ではＭ６クラスの地震が年１回以上の頻度で起きていたが、Ｍ７クラスは少なかった。たとえば、二〇二二年に台湾東部・台東県で発生したＭ６・８の地震では１名が亡くなり、１４０名以上がけがをした。また花蓮県では二〇一八年二月六日にもＭ６・４の地震が発生し、ホテルの建物が崩れるなどにより17名の犠牲者が出た。

それ以前の二〇一六年には、16階建てビルが倒れ１００人以上が死亡した、Ｍ６・６の台湾南部地震が発生。一九九九年九月には台中市ではＭ７・７の大地震が発生し、５０００棟以上の建物が倒壊し死者２４１３人、負傷者が１万人を超えた。内陸の活断層が動いた結果、大規模な土砂災害、橋の損壊、ダムの決壊などの被害が出た。今回の地震は過去二十五年でも最大規模である。

地学的に台湾は地球表面を十数枚で構成するプレートの境界付近に位置し、活発な地震活動で知られる。台湾の南の海域では中国大陸側にあるユーラシアプレートが太平洋側にあるフィリピン海プレートに沈み込む（図２－６－１）。

図2-6-1. 台湾に沈み込むプレートと2024年4月3日の震源（×印）

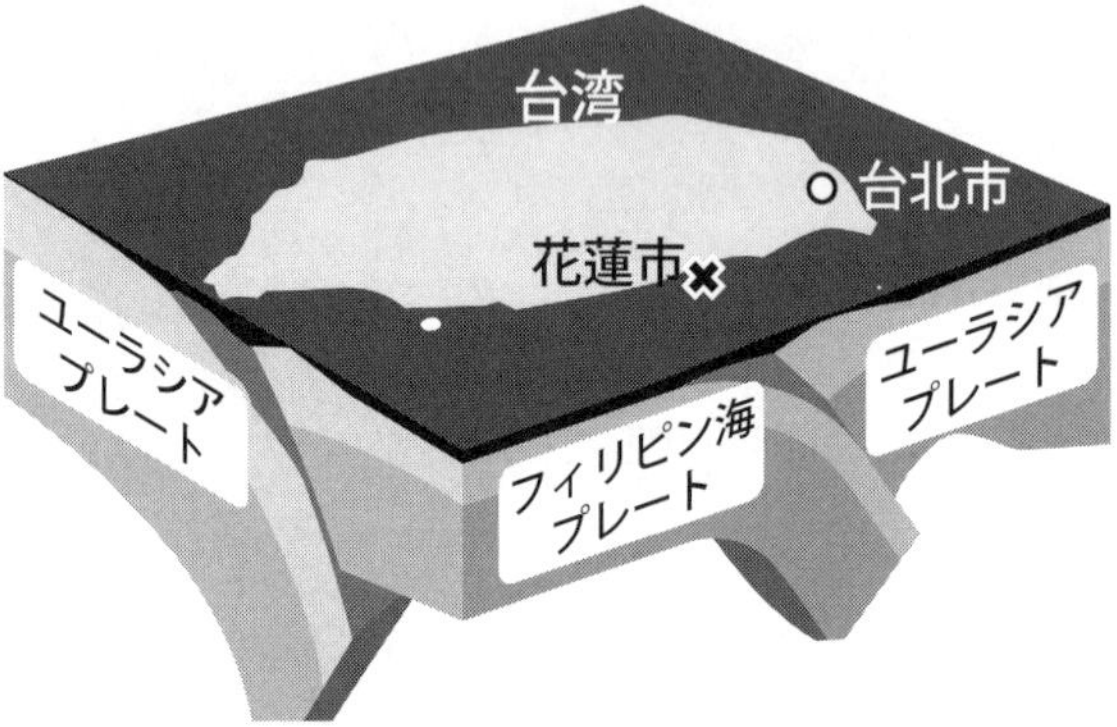

一方、東の海域ではフィリピン海プレートがユーラシアプレートの下に沈み込んで琉球海溝を形成しており、その間にある台湾ではプレートの衝突によって山が隆起し地震が頻発する。ちなみに、南海トラフ巨大地震が懸念されている西日本では、琉球海溝と同じくフィリピン海プレートがユーラシアプレートの下に沈み込む配置にある。

近年、頻発している台湾の地震は、二つのプレートの前縁部に働いている圧縮力に起因する（図2－6－2）。この領域の地表には逆断層が数多く発達しているが、今回の地震のメカニズムも北西－南東方向に圧力がかかることで生じる「逆断層型」だった（第2－4節の図2－4－2を参照）。

また本震の後に多数発生した余震の震源を見る

図2-6-2. 台湾周辺のフィリピン海プレートと
ユーラシアプレートの動き

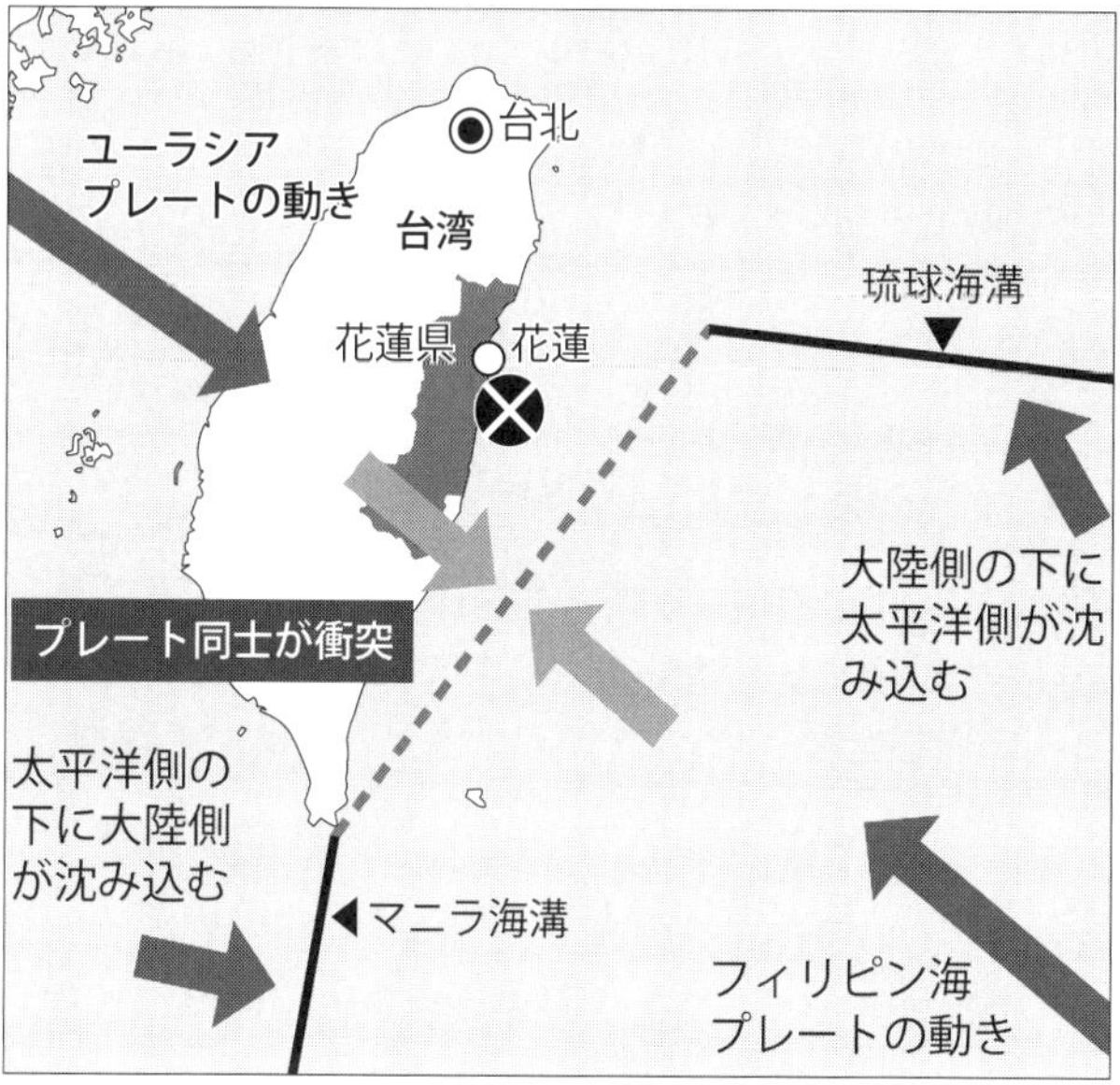

と、本震の震源以北と花蓮県を南北に走る米崙《ミルン》断層、及びその延長線上にある海域周辺に分布している。ちなみに、こうした逆断層は二〇二四年元日の能登半島地震で海底の活断層で起きた動きと同じである。

少ない人的被害

二〇二四年四月に台湾東部の花蓮市で発生した地震では、M7・2という規模の大きな地震の割に、人的被害が比較的少ないことが話題になった。台湾は日本と同じく地震の多発地域である。よって、地震の防災体制を含めて被害が抑えられた理由を考えてみる。

震度6強の揺れを観測した花蓮市は自然の豊かな観光スポットとしても知られているが、地震直後の台湾当局の対応が迅速だった。現地時間の午前七時五十八分に発生した地震は朝の通勤・通学時間帯に重なっていたが、地震後一時間で準備を開始し、二時間で緊急避難所が設置され、130人を超える住民が避難した。

多くの避難所が三時間以内に稼働というスピード開設には世界中が驚いた。これは二〇一八年二月に発生し死者17名を出したM6・4の地震後に、花蓮県が警察やNGOと地震防災の連携を強化した成果と考えられている。

台湾の緊急地震速報の仕組みは、ほぼ日本と同じである（図2－6－3）。さらに迅速で的確な対応が可能となった理由は、台湾の地震警報システムが中国からのミサイル攻撃に対して発令されるシステムを使っているからとされる。自治体に二十四時間体制で配備された救助隊は、災害の発生とほぼ同時に対応できる。これにより、本震で崩れかかった建物を余震で倒壊する前に撤去することにも成功した。

四月三日の地震は過去二十五年に発生した中では最大規模で、一九九九年の地震では2000人以上が死亡した。これは九月二十一日に発生したため「921地震」と呼ばれ、台湾では防災訓練の日に指定されている。ちなみに、日本で関東大震災が起きた九月一日を「防災の日」としているのと同じである。

これまで台湾では一九八二年に建築法を強化して耐震設計を義務化し、一九九九年の地震以降には欠陥工事を極力防いできた。また首都台北《タイペイ》にある101階建て超高層ビル「台北101」は、震度5強水準の揺れを受けても振動を小さくするダンパー装置が働き注目を集めてきた。

図2-6-3. 緊急地震速報の仕組み

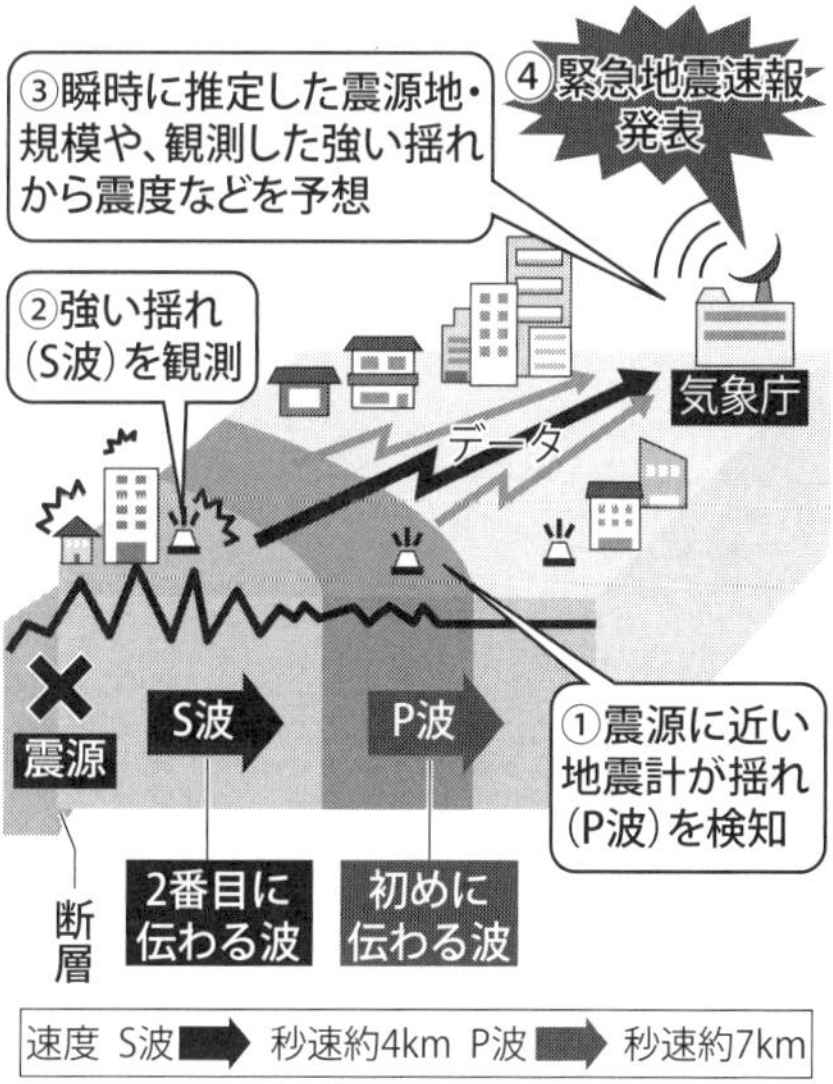

87階と92階の間に設けられた吹き抜け空間には、鋼鉄ケーブル93本で支えられた重量660トンの鉄球がぶら下がっている（図2－6－4）。「同調質量ダンパー」と呼ばれるこの球体は、地震によって建物が移動した向きと逆方向に動いてバランスを維持しながら揺れを吸収する。

ちなみに、このシステムはニューヨークのセントラル・パーク・タワー（高さ43

図2-6-4. 台北１０１の同調質量ダンパー

写真： zephyr_p / PIXTA（ピクスタ）

２メートル）やアイルランドのダブリンの尖《せん》塔《とう》（１２１メートル）にも設置されているが、台北１０１では吹き抜け空間で実際に見ることができる。台湾で起きたこの大地震には日本の地震防災も学ぶところが多く、今後も参考にしていきたい。

　台湾と日本列島で近年発生する地震には、フィリピン海プレートの活動という共通点がある。そのため台湾海域の地震と南海トラフ巨大地震との関連について懸念されることがある。しかし台湾と九州本島は１０００キロメートル以上離れており、また南海トラフ巨大地震の発生メカニズムと異なるので、地震が誘発されるなどの直接の関係はない。

　一方、台湾近海で規模の大きな地震が起き

ると、琉球諸島に高い津波が襲ってくる可能性がある。台湾から沖縄地方に向かい海底が浅くなっており、津波のエネルギーが大きくなりやすいからである。よって、今後も台湾と琉球諸島の近海で起きる地震に対する警戒を行う必要がある。

2-7節　高層ビルを襲う長周期地震動

ここまで西日本以南で発生する南海トラフと琉球海溝の巨大地震について述べてきたが、これらのM9地震は震源域の近傍で被害をもたらすだけでなく、何千キロメートルも離れた遠隔地では全く別の被害が生じる。「長周期地震動」と呼ばれる現象である。詳しく解説しよう。

地震には「短周期」と「長周期」という成分があり、建物の揺れやすさに違いが出る。ここで言う周期とは、地面の揺れが一往復するのにかかる時間のことである（図2-7-1）。

低い建物はガタガタといった「短周期」で揺れやすく、高い建物はゆっくりとした「長周期」で揺れやすい。これは建物が地震の揺れと「共振」することによって生じる現象で、共

図2-7-1. 地震の固有周期と共振

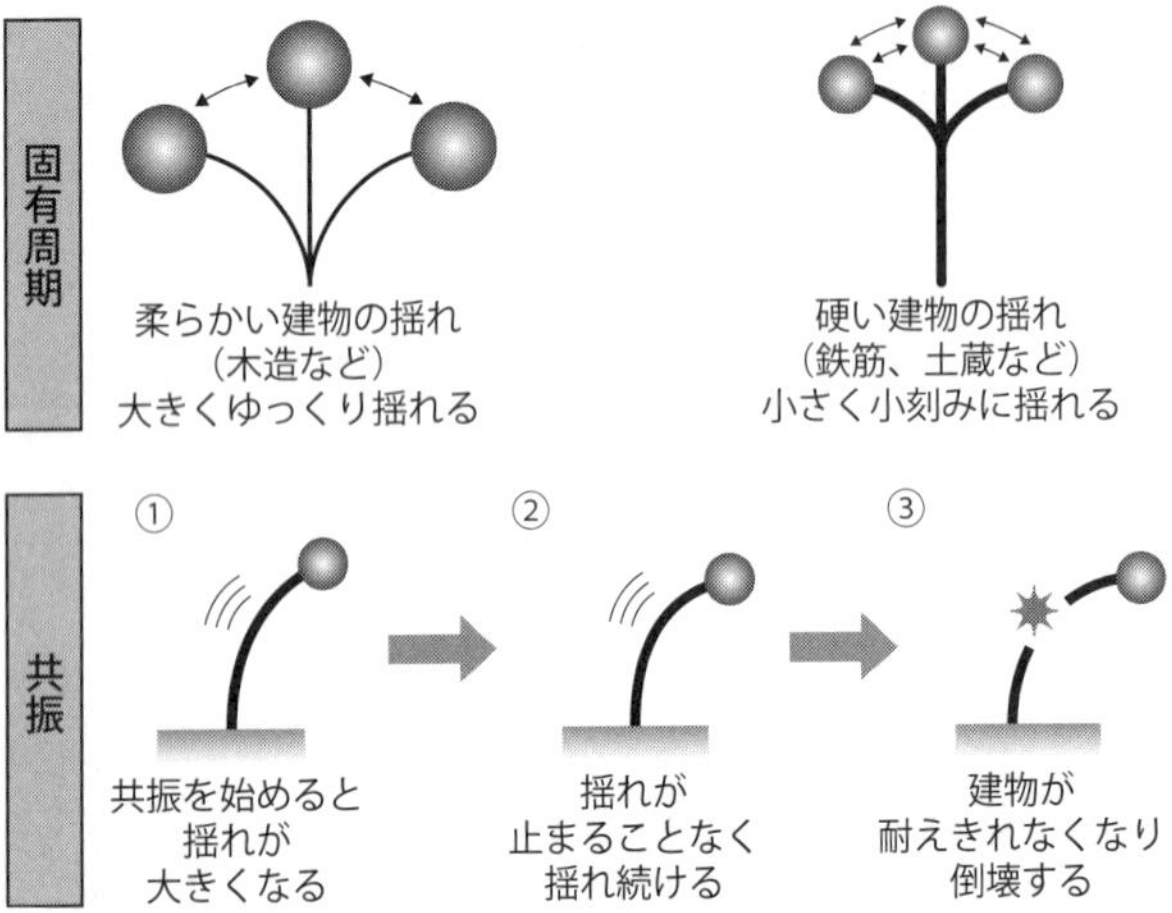

振した建物はブランコのように大きく揺れ出し、ひどい場合には倒壊に至る。

　この長周期地震動には遠くまで伝わりやすいという性質があり、地震の発生場所から数百キロメートル離れた地域で大きく長く揺れることがある。その理由は、地震の揺れに含まれる長い「周期」の成分が、建物の性質によって特異的に増幅されるからである。

　特に、都心の高層ビルやタワーマンションが地震によって大きくゆっくりと揺れる現象が問題となってきた。建物にはそれぞれ固有の揺れやすい周期、すなわち「固有周期」がある。これが地震の揺れと合うと建物が「共振」する。

　この固有周期は、建物の高さとほぼ比例し

図2-7-2. 建物の高さと固有周期の関係

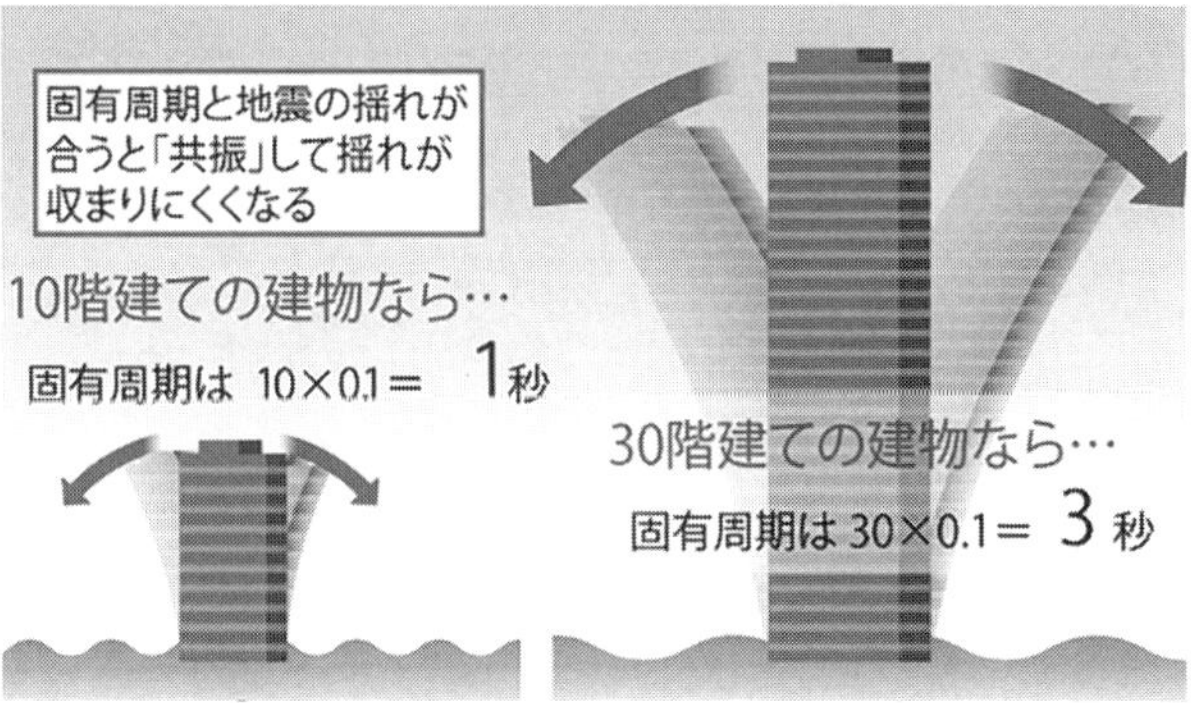
固有周期と地震の揺れが
合うと「共振」して揺れが
収まりにくくなる
10階建ての建物なら…
固有周期は 10×0.1＝ 1秒
30階建ての建物なら…
固有周期は 30×0.1＝ 3秒

（注）建物の階数に「0.1」を掛けるのは、あくまで固有周期を測る目安

ており、具体的には建物の階数に〇・一秒をかけた数字が、固有周期の目安になる。たとえば10階建てでは一秒が固有周期となるので、周期一秒の揺れがやってきたら最もよく揺れる（図2―7―2）。

数階建ての建物の固有周期はおおむね一秒以下だが、首都圏など大都市にある高さ100メートル以上の高層建築物の固有周期は、数秒以上になる。したがって、遠くからやってくる長周期のゆらゆらした地震に対して、特異的に反応するのである。

長周期の揺れは遠くまで届く

こうした長周期地震動はM9・0の東日本大震災の際にも起きた。周期二秒以上のゆっくりとした揺れが遠方で予想外の被害をもたらしたのである。最大震度5強を観測した東京都心では、超高層ビルが

図2-7-3. 長周期地震動階級と人の体感

気象庁による

しなるように大きく揺れた。内部の家具が60センチメートル動いて転倒し、高い階ほど大きな被害が出た。

また、震源から700キロメートル離れた大阪府の咲洲《さきしま》庁舎では、エレベーターと内装材に被害が出た。ここでは震度3の揺れにもかかわらず55建てのビルが共振しゆらゆらと揺れ続け、最上階は2・7メートルほど横に十分ものあいだ揺れ続けた。

二〇二三年二月から、気象庁が発表する緊急地震速報に長周期地震動の階級が加わることになった(図2－7－3)。なお緊急地震速報とは、震源に近い観測点で地震の初動をキャッチし、遠く離れた場所にできるだけ早く地震の揺れを伝えるシステムである。

長周期地震動階級は被害の程度に応じて作られたもので、地震の揺れは同じでも、建物が持つ揺れに対する性質によって揺れが増幅されることなどを定量的に評価した。

図2-7-4. 長周期地震動の4階級が決まる基準値

長周期地震動階級	絶対速度応答スペクトル Sva（減衰定数 5%）の値（対象周期 T　1.5 秒 ＜T＜8.0 秒 ※）
長周期地震動階級 1	5 cm/s ≦ Sva ＜ 15 cm/s
長周期地震動階級 2	15 cm/s ≦ Sva ＜ 50 cm/s
長周期地震動階級 3	50 cm/s ≦ Sva ＜ 100 cm/s
長周期地震動階級 4	100 cm/s ≦ Sva

※周期 1.6秒から 7.8秒において、0.2秒刻みで計算する
気象庁のホームページによる

地震が起きた際の行動の困難さや、家具の移動や転倒などの被害の程度から4段階に区分している。

具体的には、固有周期が一～二秒から七～八秒の揺れが生じる高層ビル内の揺れの大きさを指標としている。そして気象庁により地震計で得られる「絶対速度応答スペクトル」の周期一・六秒から周期七・八八秒までの最大値から、長周期地震動階級の1から4が決められている（図2－7－4）。

具体的には、「階級3」は人が立っていることが困難で、室内の不安定な家具が倒れる状況となり、「階級4」では人は全く立つことができずに揺れに翻弄《ほんろう》される（図2－7－3）。また室内では家具の大半が激しく移動し、倒れるものが続出する。

過去の大地震では破損したオフィスビルの窓ガラスや外壁が落下する事故が多発した。現在の高層ビルでも長周期

地震動による想定外の揺れが発生し、こうした被害が起きる可能性は否定できない。

ちなみに、第2－2節で述べた、二〇三五年±五年に発生が予想される南海トラフ巨大地震（想定M9・1）でも、耐震性の低い建物を倒壊させるだけでなく長周期地震動の被害が想定される。

特に、南海トラフ巨大地震の一つである東海地震の長周期地震動は、首都圏や名古屋圏の高層ビルが地盤と共振して、建設時の想定より長い時間にわたり激しく揺れ、被害を大きくする恐れがある。東日本大震災と同様に、深海底で巨大地震が起きると長周期の性質を持つ揺れが選択的に遠くの陸地まで到達するからである。

東京・名古屋・大阪など大都市圏で長周期による揺れが東日本大震災を上回ることが判明し、東海地震の長周期地震動が首都圏にもたらす揺れは東日本大震災時の揺れの3倍程度になると想定されている。そこで気象庁の新しい緊急地震速報では、立つことが難しい「階級3」以上の揺れが予想された地域に向けて発表することにしたのである。

この長周期地震動だけではなく、南海トラフ巨大地震では宮崎沖から静岡沖までの長さ700キロメートルにわたる震源域が、ほぼ同時に様々な周期の地震を発生させると考えられる。こうした現象でどの周期の波がどれくらい出るかは、事前には予測することが極めて難しい。

よって「想定外」の揺れによって被害が増える可能性は否めず、甚大災害が発生してから初めて地震現象の理解が進むこともこれまでは少なくなかった。自然界では必ず想定外が起きることを念頭において防災対策を立てる必要がある。

超高層ビルの備えをどうするか

一九七〇年代から超高層ビルの建設ラッシュが始まったが、長周期地震動をもたらす巨大地震がなかったこともあって、地震に強い超高層ビルという安全神話が広まっていた。その結果、東京消防庁管轄区内にある60メートル以上の高層ビル棟数は、一九八三年の59棟から二〇二一年の１００８棟まで17倍も増えた。

ちなみに、超高層ビルやタワーマンションでよく懸念されている倒壊リスクは非常に低い。さらに多くの場合に停電時にエレベーターを動かす非常用発電機が設置されている。

また１００メートル以上の建物にはヘリコプターの緊急離着陸場の設置、また31～１００メートルの建物には緊急救助用スペースの設置が指導されているなど、通常のマンションよりもリスクが低い点もある。

一方、制震や免震装置のある超高層ビルでも、日常生活を長期に続けるための備えまでは十分でないことが多い。エレベーターや電気・水道・トイレなどが長期間使用できない可能性がある。

緊急地震速報によって長周期地震動が予想された場合、揺れに対する行動は直下型地震と同じで、まず机の下に身を隠す。次にビルの廊下やエレベーターホールなど、体に当たると怪我する物がない場所へ逃げる。

また家の中であれば、トイレの便器にしがみついて大きな揺れをしのぐ方法がある。そして超高層ビルの室内では、地震が起きる前に家具を壁や天井へしっかりと固定し、揺れが収まったあとの避難ルートを確認する必要がある。

総じて家具の転倒や落下の防止対策は、長周期地震動に対しても極めて有効である。揺れが大きい場合には家具によって扉がふさがれる可能性があることから、こうした事態をあらかじめ想定して家具の設置場所を考えることも重要である。

私が本で伝えてきたメッセージ②

私が本で伝えてきたメッセージの2つ目は、京都大学での最終講義を基にして作った『揺れる大地を賢く生きる　京大地球科学教授の最終講義』（角川新書）である。

日本の大学では恒例行事として、定年を迎えた教員が「最終講義」を一般公開する習わしがある。本書は二〇二一年三月十日に、私が京都大学で行った最終講義をまとめた本である。

二十四年間の教授ラストの授業は、私と学生・院生たち、そしてネット上のClubhouse聴衆という三者の白熱した時間となった。当時はコロナ禍の真っ最中で、最終講義が成立するかどうか危ぶんでいた。そのときに、「一生に一度なんだから是非おやりなさい！」と背中をドンと押してくださったのがＨＯＮＺ代表の成毛眞《まこと》さん（日本マイクロソフト元社長）だった。

最終講義は多くの方々に協力していただいた。私が所属する人間・環境学研究科棟の地下大講義室には１００名以上が集まった。さらに出来たてのメディアClubhouseで同時配信を行い、海外を含めて１５００人を超える方が聴いて下さったのである。

私が話した内容は、最終講義のイメージとは違っていた。通例、定年退職する教授が自身の研究人生の歩みをたどり、想い出を振り返りながら来し方について縷々《るる》語ることが多い。時には集まったお弟子さんやファンの聴衆たちがその懐かしさに思わず涙する光景もしばしば見られる。

ところが私の場合、まったくそうならなかった。というのは冒頭で、「昔を振り返っている場合じゃないんです。これから日本列島は大変なんですからね！」と切り出したからだ。

この日は二〇一一年に発生した東日本大震災から十年目のちょうど前日だった。この震災は起きた日付を取って「３・11」と呼ばれている。さらに、この講義の一か月前には、東日本大震災の記憶を呼び覚ますような大地震が起きていた。

現在の日本列島は「大地変動の時代」にあり、今も絶えず揺れている。東日本大震災

京都大学最終講義の教室風景（2021年3月10日）。高島香里撮影

以降、日本は地殻の変動期に入ってしまったからだ。その変動期が具体的に何かは、本書で具体的に紹介してある。ひとことで言うと、地球の歴史から見て、地震や火山噴火などが異常に多い時期のことだ。

たとえば、富士山はいま「噴火スタンバイ状態」にある。そして「南海トラフ巨大地震」は二〇三五年±五年のあいだに確実に発生するだろう（拙著『富士山噴火と南海トラフ』ブルーバックスを参照）。よって今後は、甚大な被害をいかに抑えるか、つまり「減災」の戦略が重要になる。

南海トラフ巨大地震は日本の総人口の半数に当たる６８００万人が被災するので、その意識を一人ひとり持つことが生き延びる行動につながる。地球科学に関する最低限の知識が必要で、そのために本書をまとめたのだ。したがって、タイトルは『揺れる大地を賢く生きる』とした。

私は大学卒業後、火山の基礎研究からキャリアを開始した地球科学者である。しかし、必ずしもその専門にとらわれず、京都大学勤務の二十年以上を「科学の伝道師」として過ごした。そのきっかけは、次に述べるエピソードを経験したからである。

東日本大震災に先駆けること七年前の二〇〇四年十二月、インドネシアのスマトラ島沖で巨大地震が発生した。30メートルを超える未曾有《みぞう》の津波が発生し、現地の人々のみならず在住邦人も命を落としたこともあり、津波関連の映像が日本でも多く報道された。

テレビ放送で私の印象に強く残ったのは、和歌山県の海岸でサーフィンに興じている若者たちへのインタビューだった。あるテレビクルーが、若いサーファーに質問した。

「津波が来たらどうしますか?」

するとその若者はこう答えた。

「サーフィンには自信があるから、津波に乗ってみたいです!」

それを聴いて私は愕然《がくぜん》とした。津波の特性については本文で詳述したが、激しい勢いで迫って来る巨大な水の壁なのだ。東日本大震災では最大の高さ16・7メートル、陸を駆け上がった水の遡上高（陸地の斜面を駆け上がった津波の高さ）は40メートル以上とされ、最高速度は時速100キロメートルを超えていた。

次の南海トラフ巨大地震では東日本大震災の津波を上回り、最大34メートルにもなると予想されている。実は、たった50センチメートルの津波でも足をすくわれ溺死することすらある。そのため津波が発生したと聞いたら、直ちに高台に逃げなくてはならない。そうした地球科学者の「常識」が、一般市民には全然伝わっていないのである。

多くの人は津波の本当の怖さを知らない。それから七年足らずで起きた東日本大震災も同様だった。地震発生後に津波が襲来するまでは三十分ほど、場所によっては一時間ほどあった。

避難するための時間的余裕が全くなかったわけではない。にもかかわらず、家や建物に残った人がいた。さらに、いったんは避難したが、もう大丈夫だと思って引き返して亡くなった方もいる。地球科学を専門とする研究者としては、忸怩《じくじ》たる思いだった。

世の中には知らなくてもいいことはたくさんある。しかし、津波のように知っておかないと命の危機に直結する知識が確かにある。イギリスの哲学者フランシス・ベーコンは「知識は力なり」という言葉を残した。ベーコンはヨーロッパに経験主義の思想をもたらし、産業革命をはじめとして科学技術が世界を変える基礎を創った学者だ。

そして私はサーファーをはじめ国民全員に、自らの命を救う地球科学の「知識」を伝えなければならないと思った。私自身の学問の礎《いしずえ》もそこにある。

「なぜ学問をやっているのか」という問いかけにはこう答える。「学問は人に幸せをもたらす。それを多くの人に伝えたい」。すなわち、私が四十年以上研究者として得た学問の恩恵を「皆さんにそっくり返したいのです」と。

私たち学者は国からたくさん研究資金をいただき、大学という自由に研究できる環境にいる。特に京都大学には優秀な学生・院生がたくさん集まり、とても幸せな二十四年間だった。

でも、私と京大生だけが幸せになったのでは、まったく不十分ではないか。大学で得た研究成果をどうやって社会に還元したらよいか。それをずっと考えていた。そのときに脳裏に浮かんだのが、「津波に乗ってサーフィンしてみたい」という一言だった。南海トラフ巨大地震で被災する6800万人の中には、あのサーファーがいるかもしれない。そういう人たちこそ、学問の力で助けなければならない。知識がある人は自力で助かることができる。しかし、知識のない人こそ救わなければならない。

だからこそ最終講義では、私の来し方を振り返るのではなく、今ここにある「危機」を共有しなければならないと考えた。教室に集まった若者たち、そしてネットの向こうの聴衆に、いかにして身を守るかを考えてほしかったのである。

何があっても命を失わず、被害総額220兆円という南海トラフ巨大地震後の復興のために、全員が力を尽くさないと日本は持たない。だから講義のメッセージをひとことで言えば、「みんな死ぬなよ」だったのである。

地球が誕生して四十六億年、生命の誕生からは三十八億年が経過した。そのなかにあって人類は、誕生後わずか七百万年しか経っていない（拙著『地球の歴史』中公新書を参照）。営々と生命をつないできた我々の祖先ホモ・サピエンスは、三十万年前から今までしっかりと生き延びてきたのである。

さて、ここで拙著『揺れる大地を賢く生きる』各章の概略を述べておこう。第一章では、日本が変動期に突入するのに当たって「3・11」の影響がどれほど大きかったのか説明し、併せて地震に関する基礎知識を紹介した。

第二章では、来るべき「南海トラフ巨大地震」の激しさを知ってもらうため、その被害予測と根拠を解説した。続く第3章では、現在20座の活火山が噴火スタンバイ状態にあることを述べ、火山の仕組みについて説明した後、第四章では主に富士山を例に挙げて説明した。同時に、一般的に馴染みが薄いと思われる噴火被害については、節を分けてくわしく予測した。

第五章は「地球温暖化」に関する解説だ。最終講義では触れられなかったものの、読者の関心も高い脱炭素とカーボンニュートラルのテーマである。火山の大噴火が起きると地球温暖化が停止し、逆の地球寒冷化が起きる可能性がある。こうした地球の摂理を「長尺の目」で判断しなければならないのだ。

第六章から第七章では地球科学にまつわる専門的な話題を離れ、ポストＧＡＦＡを見据えた「教養」「勉強」「人生」に関する持論を述べた。そして最終章の第八章では、地球科学の視点で現代社会を眺めるとどのように見えるのか、について紹介した。

二十四年間の京大勤務は本当にエキサイティングで、「あとがき」には語りきれなかったことを記した。ＮＨＫ総合テレビ「爆笑問題のニッポンの教養・京大スペシャル」に出演する機会を得た後、どういう経緯で学生たちから「京大人気Ｎｏ．１教授」と呼ばれるようになったかも書いた（二〇〇八年三月二十五日放送）。

ちなみに、「京都大学最終講義」の動画はYouTubeで試聴でき現在１０８万ビューを数え３５０件以上のコメントが付いている（二〇二四年八月）。改めて「京大地球科学教授の最終講義」（本書のサブタイトル）を刊行し、「過去を振り返っている場合ではない」という思いを新たにしている。

第3章

日本海と北日本に迫る危機

噴火する有珠山。2000年3月31日午後1時45分撮影。
（写真提供：北海道新聞社 / 時事通信フォト）

3－1節

四千年ぶりの地殻変動による能登半島地震

二〇二四年元日に、石川県能登《のと》地方で大地震が発生した。この地震は近年の日本海側で発生した最大級の地震で、長期にわたり災害復旧作業が続いているだけでなく、今後の地震・津波対策に大きな転換を迫った。

一月一日十六時十分に輪島市の東北東30キロメートル、深さ16キロメートルを震源として直下型地震が発生した。地震によって石川県志賀《しか》町で最大震度7が観測されたほか、大きな揺れは広範囲に及び家屋の倒壊が相次いだ。

既に災害関連死を含む300名の死亡が確認され、3名が行方不明となっている（二〇二四年七月現在）。また負傷者は1302人である。これにともない北海道から北部九州の日本海沿岸を中心に広域で津波が観測され、能登半島の各地で地盤の隆起と移動が確認された。

M7・6という地震の規模は、能登地方では記録が残る一八八五年以降で最大の地震だった。地震の際に放出されたエネルギーで見れば、同じく震度7が観測された二〇一六年の熊本地震（M6・5）の約5倍、また一九九五年阪神・淡路大震災（M7・3）の約3倍にも相当する。実は、M7・6は直下型地震として非常に大きいもので、一八九一年に7273人の犠牲者を出した濃尾《のうび》地震（M8・0）以来の規模である。地震による犠牲者数（直接死230人）は2016年熊本地震の50人（家屋倒壊37人、土砂崩れ13人）を超え、二〇一一年の東日本大震災以来の最多となった。

気象庁は石川県能登地方に、二〇一一年の東日本大震災以来となる大津波警報を発表し、輪島港で最大1・2メートル以上の津波高を記録した。津波は海岸に達した高さよりさらに陸地を這い上がる性質があるため、津波高ではなく「遡上高《そじょうこう》」が問題となる。

震度7を観測した志賀町の赤崎漁港では4・2メートルほどの高さまで遡上し、港の施設などに被害が出た。また珠洲《すず》市では津波が屈折して能登半島を東から回り込んだため、局所的に3メートルに達した。この地域では地震発生からわずか一分後に津波の第一波が押し寄せ、住民が避難を始める時間もなく多くの家屋が被害に遭った。

さらに地震発生とほぼ同時に海底で大規模な地滑《じすべ》りが起きた。能登半島南方の富山湾には海底の傾斜が急な場所が何か所もあり、二〇〇七年の能登半島地震（M6・9）でも大規模な海底地滑りが発生した。

地震発生のメカニズム

元日のM7・6の本震後、それより規模の小さい余震が頻発した。これらの震央分布を見ると、能登半島の北岸から佐渡島に向けて東北東—西南西方向に直線距離で150キロメートルの広域に及んでいる（図3-1-1）。

一般に、今回のような直下型地震は、地下の断層がずれることによって生じる。断層面に沿って両側の岩盤が急激にずれ動くことで、地下に蓄えられていた歪《ひず》みエネルギーが一気に放出され、大きな揺れが地上まで到達する。

断層はその動きによって「正断層」「逆断層」に分類される。正断層は水平に引っ張る力が、逆断層は水平に圧縮される力がかかるところで生じる（第2-4節の図2-4-2を参照）。今回のM7・6の本震は、水平方向に圧縮して生じる南東下がりの逆断層型だった。震源を中心として、余震が記録された全長150キロメートルに及ぶ領域で断層が動いたと考えられる。

地震を起こした断層は地下深部にあるため、多くの場合、地表では観察されない。一方、M7より大きい地震では、断層の一部が地表に現れることが多く、ほとんどの場合にずれが

図3-1-1. 能登半島と日本海で発生した地震の震源（黒丸）の広がりと海底活断層（太線）

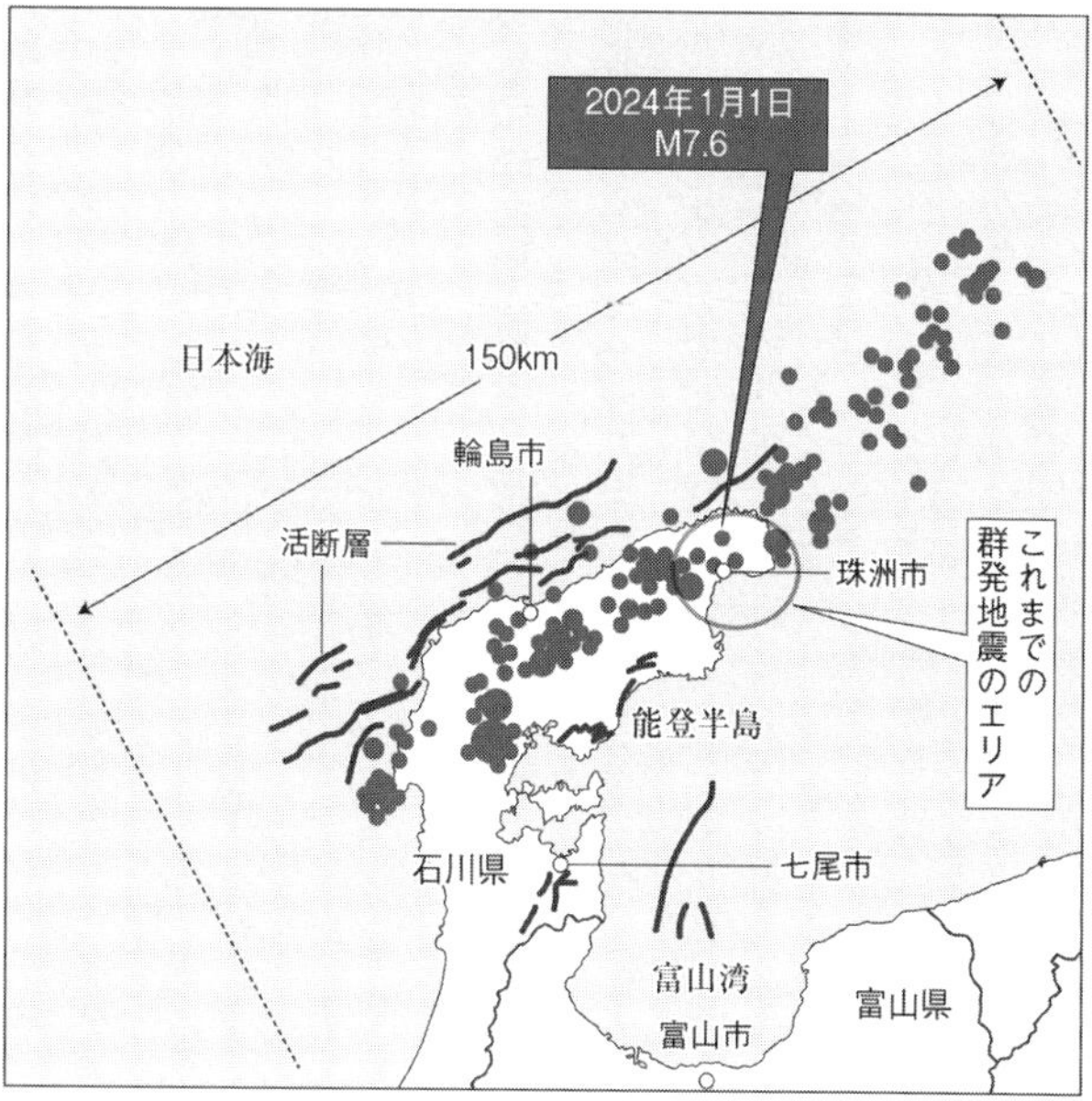

気象庁による図を一部改変

確認できる。これが「活断層」と呼ばれるもので、日本列島には約２０００本の活断層がある。

　能登半島の海域には複数の活断層が確認されており、今回の地震はその一部の「珠洲《すず》沖《おき》セグメント」と呼ばれる部分がずれ動いたと考えられる。具体的には、南東に傾斜する断層面に沿って、約五十秒間に６メートルほど岩盤が滑った。震源付近で２回の大きな断層破壊が生じた結果、強い揺れが二十秒以上継続した。

今回の地震波形を分析した結果、木造家屋に大きなダメージを与える周期一～二秒の揺れが強く、阪神・淡路大震災を引き起こした地震と類似する。地震を起こした断層は「震源断層」と呼ばれるが、能登半島北部のほぼ全域が震源断層の真上に位置していたため大きな被害が出た。さらに輪島市や穴水町《あなみずまち》の市街地にある軟弱な地盤では、地震の揺れが局地的に増幅され、被害が拡大した。

能登半島西部や佐渡沖が危ない

能登地方では二〇二四年元日の前にも地震が頻発していた。二〇一八年から地震が増え始め、二〇二三年五月五日には今回の震源と近い場所でM6・5の地震が起きた。また、M7・6の本震に先立つ四分前には前震となるM5・5の地震が発生していたが、続けて本震が起きる予兆は何も見いだせなかった。

一方、今回の震源断層とは別に、能登半島の先端にある珠洲《すず》市では二〇二〇年十二月から群発的な地震が起きていた（図3－1－1）。日本列島の地震発生では珍しいやや特殊な現象だが、地盤深部の隙間にしみこんだ水が上昇し、深さ約十数キロメートルの位置にたまり、

図3-1-2. 日本列島の深部に由来する流体が群発地震を引き起こすメカニズム

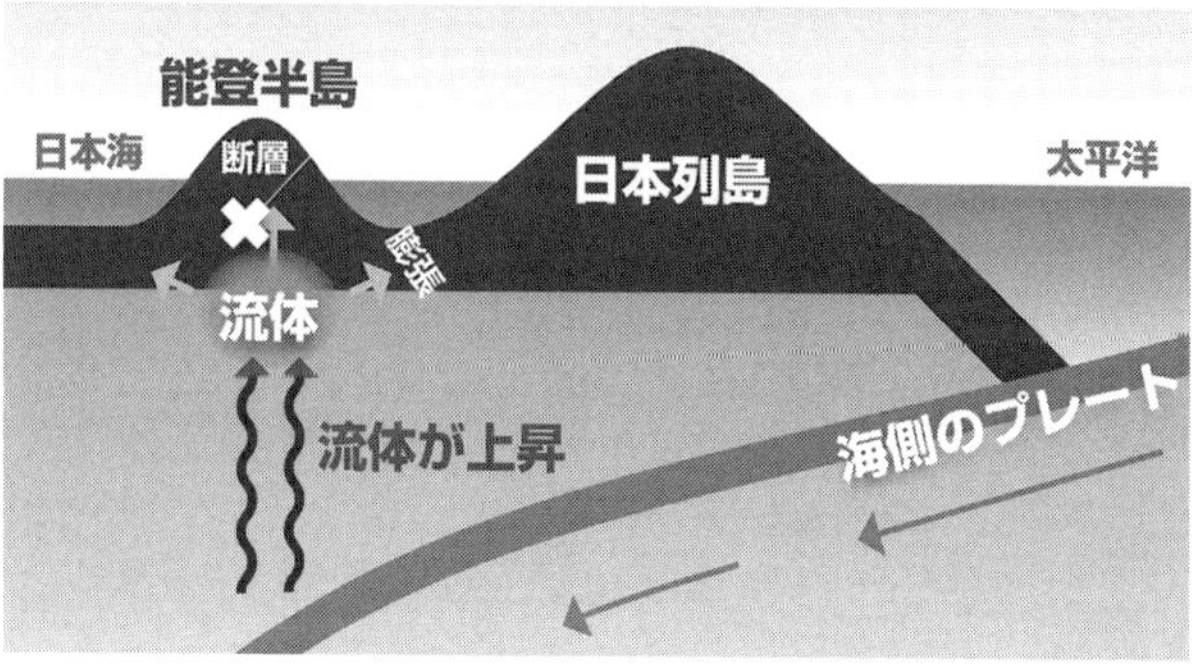

地表を４センチメートルほど隆起させた。

地下の岩石が水などの流体によって割れやすくなることは、地震学でもよく知られている（図３－１－２）。プレートの沈み込みによって絞り出された水が地殻の下部に向かってゆっくりと上昇する。こうした深部由来の流体が断層面に入り込むと、断層が滑りやすくなる。この結果、岩盤に新しく別の力が加わり、地震が頻発するようになったと考えられる。

過去の例を見ると、長野県松代町《まつしろ》（現長野市）で一九六五年から五年半続いた「松代群発地震」がある。地下深部の高圧な水が岩盤の割れ目に沿って上昇し、最大Ｍ５・４の地震を引き起こした。岩盤の破壊が連鎖的に起こり、長期にわたる群発地震となったのである。

今回のＭ７・６の震源は、群発地震の震源域の北方

図3-1-3. 能登半島深部で起きる群発地震と海底活断層の
珠洲沖セグメント

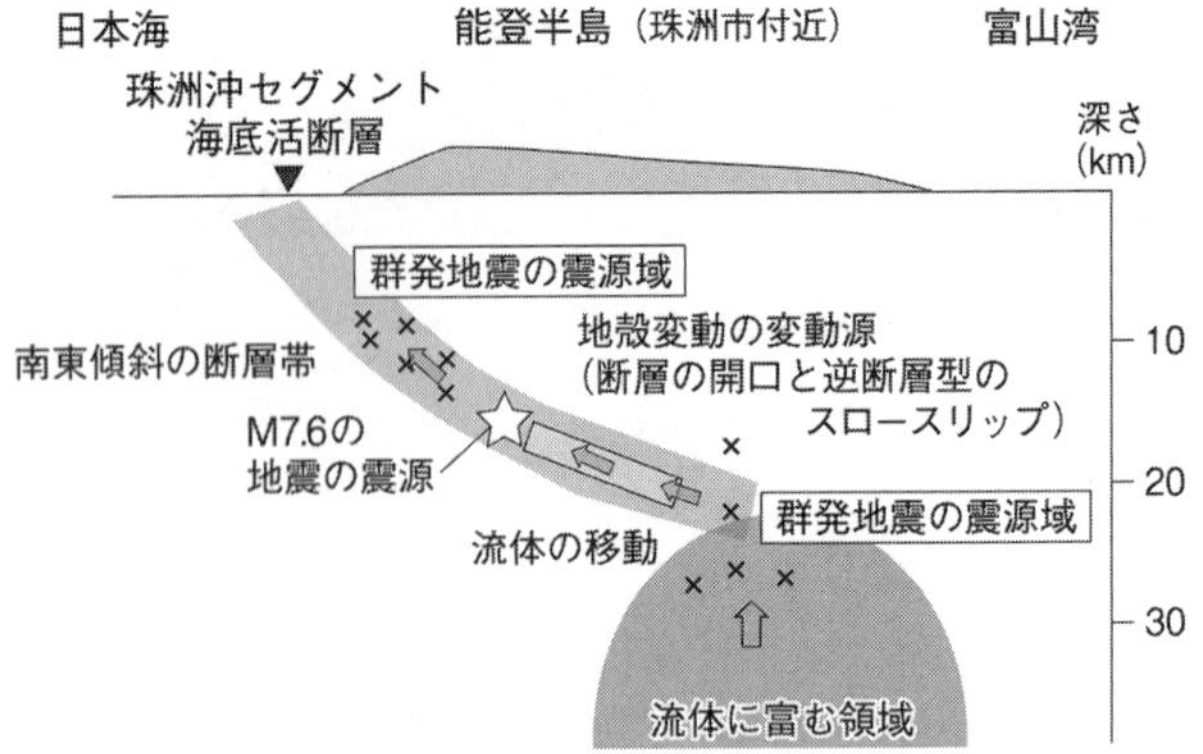

平松良浩教授による図を一部改変

に位置している（図３－１－３）。おそらく能登半島深部で群発地震を起こしてきた流体が北方へ移動し、珠洲沖セグメントにある南東傾斜の断層帯へ侵入して、今回の地震を引き起こしたと考えられる。

今回の地震により１５０キロメートルにわたり破壊された震源断層の大部分では、それまで蓄積されていた歪《ひず》みが解消された。一方、その両端にはなお歪みが残っていると考えられる。このため、震源域の両端に当たる能登半島西部や新潟・佐渡沖の活断層で、近い将来、地震が発生する恐れがある。

震源断層の東にある佐渡島に近い海域で逆断層が動くと、Ｍ７クラスの地震が発生する可能性がある。一九八三年に起きた日本海中部地震クラスの大津波が起きると、10メートルを超える津波が新潟市などへ押し寄せることになる。本震後1か月ほど経ってから大きな余震が起きる場合もあり、日本海で起きる地震の津波は到達時間が短いので、今後も警戒を怠るべきではない。

数千年ぶりの地殻変動

今回の地震は、能登半島に大きな地殻変動をもたらした点でも特異的である。国土地理院は地球観測衛星「だいち2号」の観測データをもとに、M7・6の本震前後の地盤の動きを解析した。その結果、輪島市西部では最大4メートルの垂直隆起が、また珠洲市北部では最大3メートルの西向きの水平変動が確認された。同じ手法で過去の地震と比べると、熊本地震では1～2メートル、二〇〇八年岩手・宮城内陸地震では1・5メートルであり、今回の地震は直下型地震としては非常に大きい。

また航空写真では地盤が隆起して港が干上がっている様子が確認された。こうした隆起現象は一九二三年関東大震災の際に、神奈川県三浦市の城ヶ島や房総半島先端部が隆起した現象と類似する。

観測された最大4メートルの隆起量は、関東大震災による隆起量2メートルを上回り、濃

図3-1-4. 2024年1月1日の能登半島地震の隆起によって海岸線が後退した石川県輪島市の黒島漁港

ウィキメディア・コモンズによる

尾地震で起きた断層のずれ6メートルに次ぐ大変動といっても過言ではない。

さらに能登半島では海岸線の変化が確認され、輪島市では最大240メートル、また珠洲市では最大175メートル、海岸線が海側に向かって広がった(図3－1－4)。その結果、能登半島北部の東西90キロメートルの範囲で、陸域が4・4平方キロメートル海側に拡大したことが判明した。

これまで、能登半島は年平均で約1～1・5ミリメートルの速度で隆起していると考えられてきた。だが、今回の地震で4メートル隆起したことにより、能登半島はゆっくり時間をかけて隆起してきたのではなく、三千～四千年に一度、大地震が起きるごとに隆起したものだったと考えられるのである。

能登半島の海岸には中期更新世《こうしんせい》（今から約七十七万年前）以降の「海成段丘」が発達しており、長期間にわたり地盤が隆起してきたことが地形に記録されている。海成段丘とは海岸線に発達した階段状の地形で、平坦な台地（段丘面）と前面の崖（段丘崖《だんきゅうがい》）の組み合わせからなる。

輪島市や珠洲市の海岸沿いには、海成段丘が３段確認されている。段丘は大地震による隆起で作られるので、段丘が３段あるということは、過去に大地震が３回起きたことを意味する。今回の地震でも、過去から活発に隆起していた場所が大きく隆起していることが観測できる。

能登半島は日本海に突き出した半島だが、地質学の「長尺《ちょうじゃく》の目」で考えると、半島の地形は今回のような隆起を数万年単位で繰り返して形成されてきたのである。今回の能登半島地震は、その数千年に１回程度の現象に遭遇したと考えられる。

コラム7 「空振り」はなぜ起こる？

地震の発生予測では二つのことを発表する。一つは今から何％の確率で起きるのかであり、コラム4で「地震発生確率」を説明した。もう一つは今からどれだけの大きさ、つまりマグニチュードいくつの地震が発生するのかである。

地震の予知は大変難しいので、現在は地震が起きてからできるだけ早く伝え、災害を減らすという方法がとられている。その一つが「緊急地震速報」の仕組みだ。今から地震がやってくることを、大きな揺れがくる前に知らせる情報である。

テレビ・ラジオ・携帯電話などを通じて、揺れの始まる数十秒ほど前に、揺れの大きさ（震度）や地震が起きた場所（震源）を伝える（図コラム7）。緊急地震速報のようにリアルタイムで伝達される情報は防災上たいへん重要で、自分の身を自分で守るため非常に役に立つ。

二〇二四年六月三日六時三十一分に石川県能登地方の深さ10キロメートルで地震があり、輪島市と珠洲市で震度5強を観測した。震源に近い輪島市では一月一日の地震で崩れ

図コラム7. 複数の観測点で地震を伝える仕組み

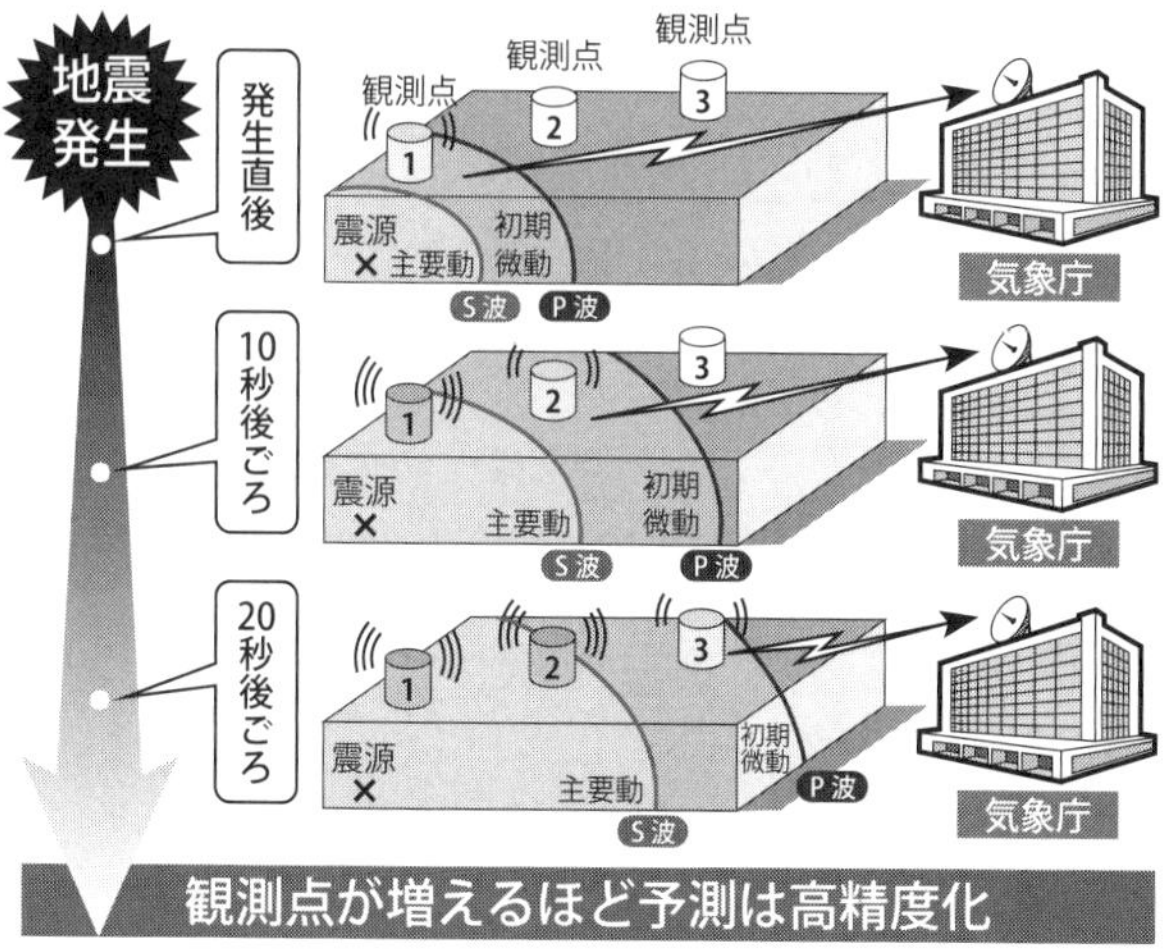

かかっていた住宅がさらに倒壊するなどの被害が出た。また石川県では長くゆっくりとした揺れ「長周期地震動」の「階級2」を観測した。

　地震の規模は速報値のM5・9だったが、地震波検知の五・三秒後にM7・4が観測され、緊急地震警報が関東全域になり響いた。朝のラジオ体操が中断されるなど多くの市民が早朝から緊張したのである。

　M7・4は一月一日に発生したM7・6に匹敵する規模なので、私も能登半島沖の活断層がさらに割れたのかと緊張した（第3－1節を参照）。実際には一連の断層内での余震だったが、なぜこのようなことが起きたのかについて解説しよう。

東日本大震災が起きてから緊急地震速報の出る回数が大幅に増えているが、そのあと大した揺れを感じないことを何度も経験した方もいるだろう。いわゆる緊急地震速報の「空《から》振《ぶ》り」である。

こうしたことに対して気象庁は事後にチェックしている。緊急地震速報を受け取ったすべての地域で震度3以上を観測した場合は「適切」とし、一つでも震度2以下を観測した場合は「不適切」と評価する。その結果、これまでに出された6割ほどが「不適切」とされたが、東日本大震災以降に精度が大幅に落ちてしまったのである。

M9・0という巨大地震の発生によって広範囲で地盤が不安定になり、離れた場所でほぼ同時に余震が起きることがある。現在のシステムでは、複数の観測データの分離が完全にはできず、結果としてM7・4という架空の大きな地震を観測したことになる。さらに震災以後に地震計の数が大幅に増やされた結果、特異的に大きな数字を出す計器がまれにある。

緊急地震速報は速報性を重視することから、人による精査を挟まず、大きな揺れが来る地域へ自動的に発信される。よって六月三日に起きたような「空振り」は避けようがないのである。

一方、こうした状況が続くといわゆる「オオカミ少年効果」が生じて、地震への警戒が薄れる恐れがある。しかし緊急地震速報では、「空振り」があることより「見逃し」のないことを重視している。

大事なのは、日本中に張り巡らされた地震計から来る情報の全てが完全ではないと、一般市民も知っておくことだ。今後は緊急地震速報の「空振り」が増えるかもしれないが、専門家は巨大地震の「見逃し」の方を恐れている。

もし専門家が「正しい情報を出す責任者」という思いを強く持つと、災害情報の「空振り」や「オオカミ少年効果」が恐くなる。また、専門家だけが防災情報の出し手で自分たちは受け手という考えでいると、一般市民の側に「何でも専門家がやってくれる」過保護の状況が生まれてしまう。すなわち、専門家側の完璧主義と、住民側が必要以上に頼る状況が、自然災害に対して脆弱な社会を作ってしまうのである。

約十年後に発生が予測されている南海トラフ巨大地震に向けて、これから日本列島では直下型地震が増えると予想される。いつ何どき、全く新しいタイプの自然災害が発生してもおかしくない中で、こうした状況はきわめて危険である。

身近で起きる地震の経験から、本当に危険な時に対処できるように、ぜひ準備を進めていただきたい。

3-2節　日本海の拡大とフォッサマグナの変動域

前節で述べた能登半島地震の活動は、地質学的には「日本海の形成」と深く関連している。実は、日本海は日本列島が大陸から分離してできたものである。すなわち、日本列島はもともとアジア大陸の一部だったが、引き裂かれた結果、その間に海が誕生した（図3-2-1）。これが日本海で、このような地殻の大変動が、能登半島地震までつながっているのである。

日本海の近海で地震を起こす大元の原因として、日本海の形成について述べておこう。島の集合体になる前の日本列島は、アジア大陸の東端にあった。この時期には、プレート沈み込みによって太平洋側へ少しずつ成長を続けていた。

これは「付加体」と呼ばれる大陸が成長する地質学的プロセスだが、こうした付加体によ

図3-2-1. アジア大陸から分離する日本列島

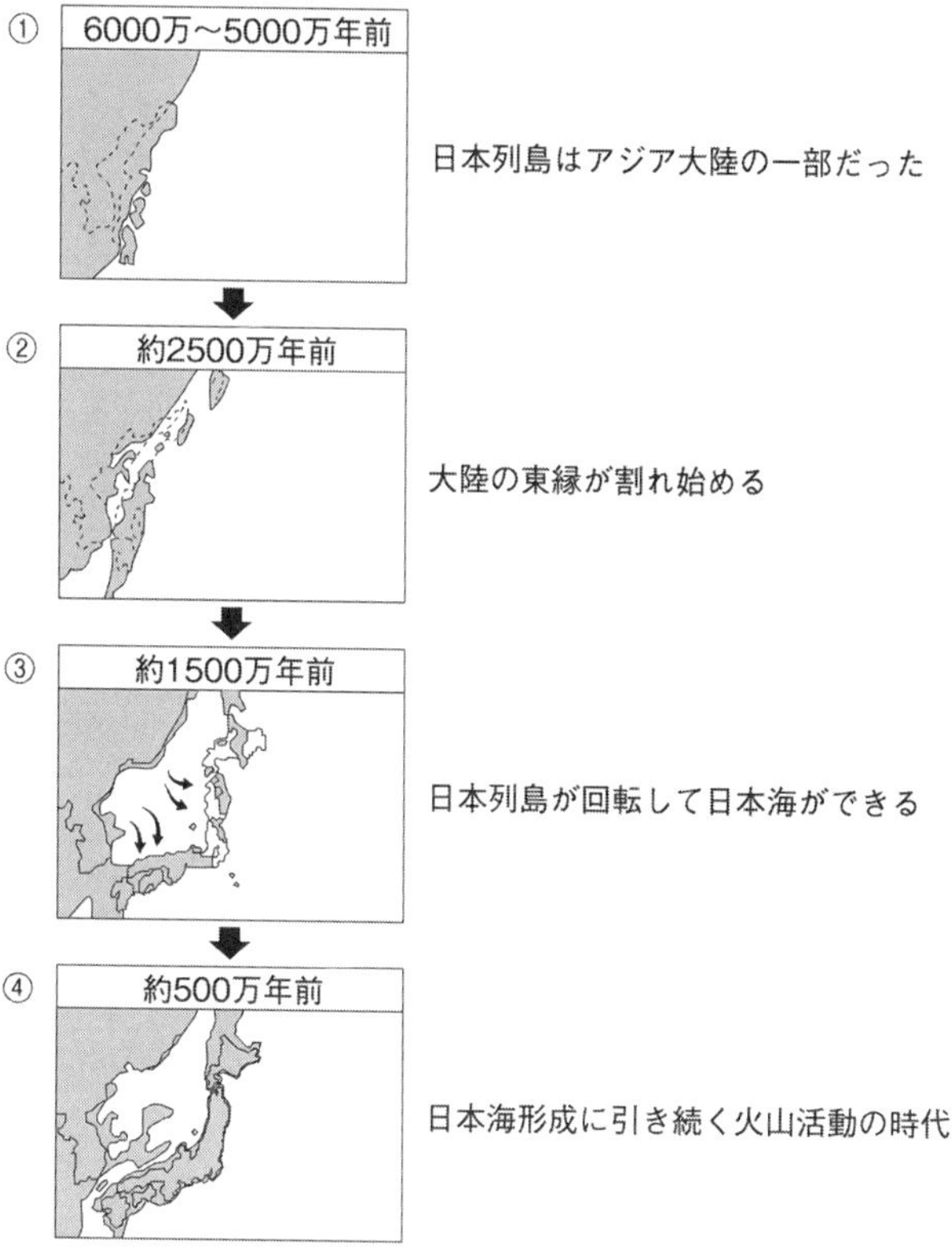
①
6000万～5000万年前
日本列島はアジア大陸の一部だった
②
約2500万年前
大陸の東縁が割れ始める
③
約1500万年前
日本列島が回転して日本海ができる
④
約500万年前
日本海形成に引き続く火山活動の時代

る拡張とともに、日本列島は激しい地震活動を伴いながら大型の列島へと成熟していった（第２－４節、１４０ページを参照）。

その後、今から二千五百万年前にアジア大陸から切り離されるという全く新しい地殻変動が始まった。これによって日本海が誕生し列島としての姿が完成していく。地殻変動の原因としてもっとも重要なものが「日本海の拡大」である。

日本列島では二千万年前頃に大きな転機が訪れた。現在の日本列島に当たる大陸を構成する地殻の下から「プルーム」と呼ばれる高温の物質が上昇しはじめた。プルームは幅が数百キロメートルから一〇〇〇キロメートルに達する巨大な上昇流である。この活動によって中国大陸の一部だった日本列島の地殻は、東西方向に引き裂かれた。

この頃の日本海は、現在のアラビア半島の東にある紅海のような細長い海域であったと考えられる。こうしてやがて日本列島となる部分が、大陸からゆっくりと引き離されていった。

大陸の一部に裂け目ができ、細長く陥没した場所が生まれた。この裂け目が次第に拡大し、広い範囲にわたって陥没した低地をつくっていった。こうした地域は周囲よりも低いため、そのなかに河川ができ、水系をつくる。やがて湖として成長し、水域が拡大していったのである。こうした地域は「地溝帯」と呼ばれる。文字どおり地面に溝が生まれて帯状に広がったものである。

その後、千九百万年前頃には、地溝帯の裂け目が水平に伸びて海まで達し、中に海水が浸入してくるようになった。このように海が陸地を割って入ってくることを「湾入《わんにゅう》」という。陸地に海からの凹《へこ》んだ地形ができ、湾を形成する。

そして湾入した部分は、地面の水平方向への伸張にともない、どんどん内陸部へ拡大していった。その結果、大陸から分裂して弧状列島（島弧《とうこ》ともいう）になったのである。

現在の日本列島は太平洋に向けて弓なりに曲がっている。この姿は、藤の花のように房が連なって咲く花の形状から「花房列島《はなふさ》」とも呼ばれる。すなわち、いくつかの凸《とつ》に膨《ふく》らんだ弓なり花房状の陸地が何百キロメートルも連続したものである。

一方、約千九百万年前に地溝帯が拡大し、内湾から海が侵入した頃は、まだこのような折れ曲った形ではなかった。こうしたことは過去の地形を復元することによって推定されている。そして花房列島の内側に現在の日本海が誕生した。

日本海の誕生

千九百万年前以後には地溝帯の中央部がさらに拡大し、その海底に火山活動が始まった。

玄武岩質の溶岩が噴出し、海底噴火で特徴的に生じる「枕状溶岩《まくらじょうようがん》」（枕のような形をした塊が集まってできた溶岩）を堆積していったのである（図3－2－2）。ちょうど中央海嶺の地下深部のように、分裂し拡大したところには玄武岩《げんぶがん》からなる地殻、つまり海洋地殻が形成された（鎌田浩毅著『地球の歴史』中公新書を参照）。

このような初期の地溝帯を「古日本海」と呼ぶことがある。また、大陸の縁辺部で海水が浸入してできた新しい海は「縁海《えんかい》」と呼ばれる。なお縁海とは、大陸の外側にあり、なかば閉じた海のことをいう。

その後、縁海の海底にマグマが大量に貫入し、その一部が海底に噴出した。また、おびただしい量のマグマの貫入は、古日本海をさらに拡大させることとなった。火山活動が地殻変動の原動力となったのである。

なお、この頃には現在の東北地方に当たる地域はすべて海の中だった。すなわち、陸域はなく海域にたまった堆積物が今の東北地方をつくる地層となったのである。また、西南日本には広大な陸地が拡がり、一部が海域にあるという状態だった。その後、海域であった東北地域は次第に陸化し、浅い海で火山活動が活発に起きていた。

ちなみに、大陸地殻が水平方向に伸ばされる現象を「リフティング」という。横に伸ばさ

図3-2-2. 海底で玄武岩が噴出したときにできる枕状溶岩

静岡県大崩海岸で鎌田浩毅撮影。「枕」の形の横幅は約 30センチ。

れながら、最後に引きちぎられるのである。こうしてアジア大陸の東の端が引きちぎられて、さらに地殻が水平に伸ばされた。

こうした地殻変動が起きると、地下の岩盤は断層によって力を解放しようとする。地面が引っ張られることから、生じる断層は「正断層」である（２－４節の図２－４－２を参照）。これによって、地面の水平方向への歪みを解消するのである。

ここで非常におもしろい現象が起きる。正断層ができると地面が水平に伸ばされるので、地殻は薄くなる。つまり、地下にある岩石の総量は同じなのに、地面だけが水平方向に引き伸ばされるので、岩石が足りなくなる。この結果、水平に伸びた分だけ、そこの地殻は薄くなってゆく。

次に、地殻が薄くなると、地殻の荷重と地殻に働く浮力がつり合う現象によって地面が沈降しはじめる。こうして沈降した場所に土砂が流れ込んできて、長い間に厚い地層が形成される。すなわち、リフティングが起きると、地殻の至るところに正断層が発生し、沈降域が生まれる。ここが堆積盆地となって今度は地層が累重《るいじゅう》するようになる。こうしたプロセスを地層から読み取りながら、上に述べた説が実証されたのである。

ちなみに、アジア大陸の東縁でリフティングが始まったのは、古日本海の形成時期よりもずっと昔の時代である。日本海沿岸の浅海で堆積した地層が現れるのが三千二百万〜三千五百万年前と言われている。

この時代は新生代のなかでも初期に当たる漸新世《ぜんしんせい》初期である。アジア大陸が開いて日本海が作られるかなり以前から、大陸の縁では正断層をともなうリフティングが始まっていたらしい。

日本列島の回転と拡大

千六百万年前になると、開きはじめた日本海は一気に拡大し、海域が急速に広がった。地質時代でいうと第三紀中新世の中頃である。現在の中部地域を屈曲の中心として、日本列島は逆「くの字」に曲がったのである（図３－２－１および図３－２－３）。

このとき海底は一様に拡大したのではなく、折れ曲がることによって大きく開いた場所と小さく開いた場所の違いが生じた。こうした折れ曲がり運動は、千五百万年前まで連綿と続いた。そして千五百万年前に拡大運動が一斉に完了し、日本海の拡大は終了した。

日本列島がアジア大陸から離れて両者のあいだに日本海ができたとき、興味深い現象が記録されている。日本列島の南西部にあたる場所が、現在の九州西部を扇の要《かなめ》として時計回りに回転したのである。

これが、日本列島の西半分、すなわち西南日本になった。その反対に、日本列島の東半分は、北海道の北部を要として反時計回りに回転し、現在の東北日本になった。

このような日本列島の回転現象は、岩石に残された地磁気の方向を調べることで判明した。過去に岩石が獲得した地磁気を、実験室で測定することによって、過去の磁場の方向などを知る手法である。

その結果、千五百万年前頃を境にして、日本列島が大きく回転した事実が見つかった。千五百万年前の前後に形成された岩石の古地磁気の方向を調べると、系統的な向きのずれが見

図3-2-3. 2000～1500万年前の日本海の拡大と
フォッサマグナの形成

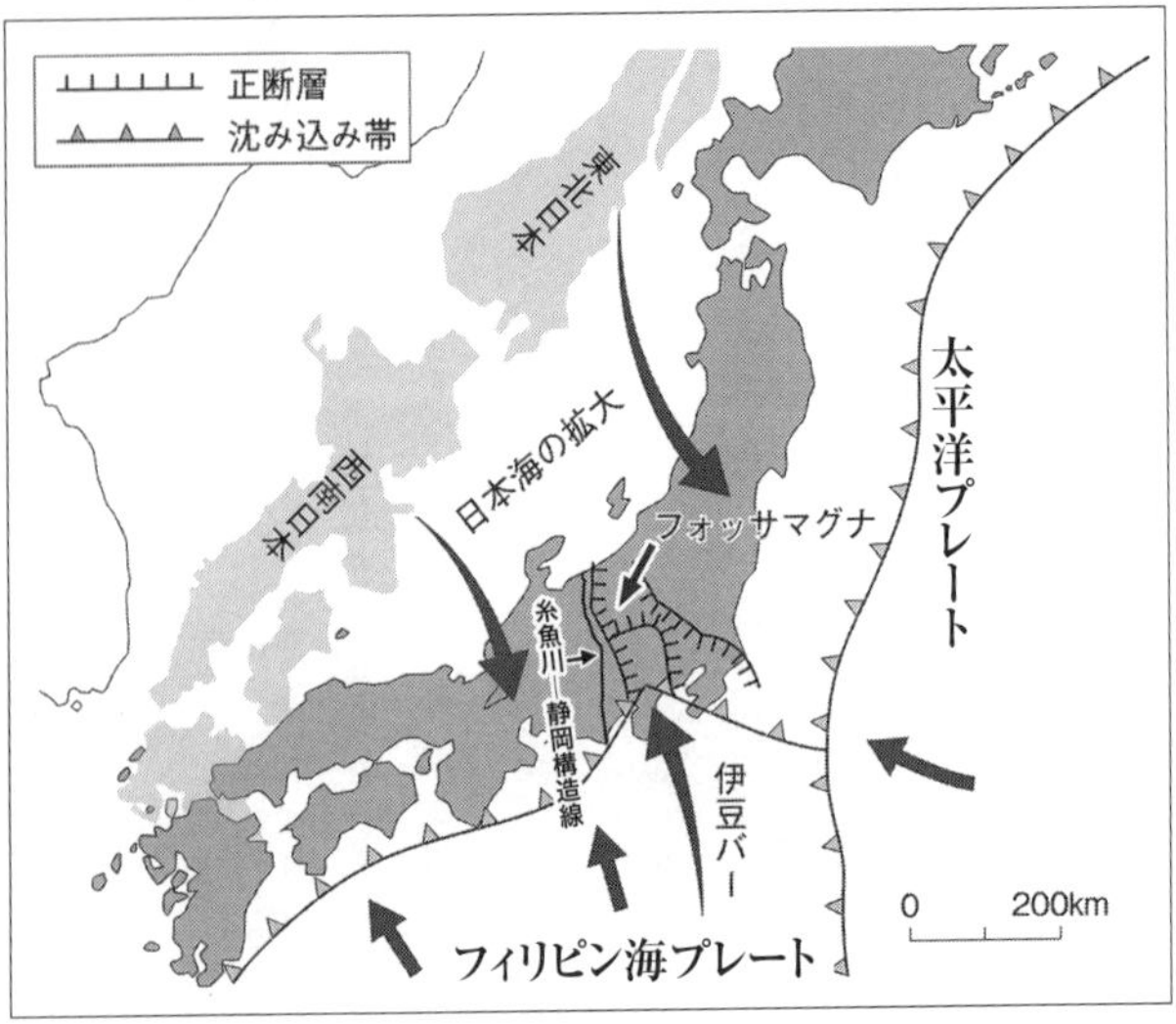

つかったのである。以下でくわしく解説してみよう。

まず日本列島と朝鮮半島に露出する岩石の古地磁気が測定され、大量のデータが得られた。そして千五百万年前より前には、系統的な向きのずれは得られなかった。このことは、日本列島はまだ「くの字」に曲がっていなかったことを意味する。

つまり、この頃の日本海はすでにできはじめていたが、まだ大きく広がってはなかったのである。その後、西南日本と東北日本がそれぞれ扇形に回転し、日本列島は太平洋側に押しだされた。

また、こうした変動が起きた時間が、地質学的には驚くほど短期間であることもわかってきた。丁寧《ていねい》に時間を確定してみると、百万年間くらいの比較的短い期間に日本海は急速に拡大したのだ。その動きは、通常のプレート運動に比べると、一桁以上も速いのである。

そして西南日本と東北日本の回転の向きがまったく逆だったため、その中央に巨大な隙間が誕生した。これが日本海の原型なのである。こうして西南日本と東北日本は、互いに異なる経路を通って、現在の位置に達した。そして関東地方の南部で折れ曲がった本州島の形が完成した。このあいだには、西南日本と東北日本の境界で大きな力が加わった。これが現在でも「フォッサマグナ地域」として残っている（図３－２－３）。

フォッサマグナ地域の活断層群

フォッサマグナ（Fossa magna）とはラテン語で「大きな溝」という意味であり、全長１５０キロメートルにわたって南北方向の溝ができている。これは地質学的な巨大な溝であり、そのなかには中生代と古生代の堆積物とともに新生代の岩石が大量に詰まっている。

また、南北に長く伸びたフォッサマグナ地域の西縁には、「糸魚川《いといがわ》－静岡構造線」という第一級の地質構造帯がある。これは地層の境界というだけでなく、現在でも地下で大きな直下型地震を引き起こす断層の集合体である。

これに沿って活断層が確認されている「糸魚川―静岡構造線断層帯」は、わが国でも最大級の活断層で、将来の地震発生確率がもっとも高いものの代表例と考えられている。

断層帯は四つの区間に分けて長期評価が行われており、今後三十年間の地震発生確率は、北部区間で0・009~16%、中北部区間で14~30%、中南部区間で0・9~8%、南部区間で0~0・1%と評価されている。

これらがもし同時に活動すればM8クラスの巨大地震になる恐れがある。この中でも中北部区間は確率が最も高く、六百~八百年の活動間隔に対して最新活動から一千年も過ぎているので、近い将来の地震発生が懸念されている。

フォッサマグナ地域のもう一つの特徴は、中央部に南北にわたって続く火山列があることである。すなわち、北から南へ、新潟焼山《にいがたやけやま》、妙高山《みょうこうさん》、黒姫山《くろひめやま》、飯綱山《いいづな》、八ケ岳《やつがたけ》、富士山、箱根、天城山《あまぎさん》といった第四紀（二五九万年前以降から現在まで）の火山が並んでいる。そのうち新潟焼山、富士山、箱根などは、今後いつ噴火しても不思議ではない活火山である。

こうした火山活動はフォッサマグナ地域の地下構造とも関係している。すなわち、フォッサマグナ地域の陥没を司った南北方向の断層を利用して、南北方向にマグマが上昇したのである。

東北日本と西南日本は、フォッサマグナ地域や糸魚川―静岡構造線を境界として折れ曲がってきたが、その運動が今から千五百万年ほど前に生じたのである。こうした現象は日本海の変動とも関連する。

次節では、日本海の変動域に沿って地震が頻発する日本列島を縦断する、地殻の「ひずみ集中帯」が生まれた現象を説明しよう。

3-3節　日本海東縁部ひずみ集中帯の地震と津波

日本海の東縁部には地殻のひずみが集中している場所がある。これは日本海の形成に関連する特異な現象だが、海底の成り立ちから説明してみよう。

日本海は通常の海底とはかなり異なり、太平洋プレートやフィリピン海プレートなど日本列島に沈み込む海洋地殻ともまったく違っている。たとえば、日本海の海底には大陸性の地殻が存在しない。また、日本海でヒートフローと呼ばれる「地殻熱流量」を測定すると、予想される理論値よりも高いのである。

地殻熱流量とは、地球内部から地表へ運ばれる熱量のことを意味する。主に熱伝導によって岩石の中を伝わって地表から宇宙空間へ逃げてゆく。一般に、地殻熱流量は中央海嶺《かいれい》で非常に大きく、ここから離れるにつれて急激に減少する。

また、海溝ではさらに小さい値となる。すなわち、中央海嶺のようなプレートが湧《わ》きだし、海洋底の拡大にともなう場所では大きい値を示すのである。ヒートフローに関するこうした事実と、先に述べた地形の特徴から、日本海はアジア大陸が開いてできた「縁海」であると考えられるようになった。縁海は列島や半島によって、外海としての大洋から区画されている海であり、日本海や東シナ海はその代表的な例である。

そしてプレート・テクトニクス理論が地球科学者のあいだを席巻していた一九六〇年代から、日本海に対してさまざまな研究プロジェクトが開始された。たとえば、日本海の海底をつくっている堆積物の地質学的調査と、熱異常や重力異常や磁気異常を測定する地球物理学の研究結果が続々と発表された。

これらの膨大なデータによって、日本海は明らかにアジア大陸が裂け拡がり、その後も海底が拡大しつづけて形成されたことが確実になってきた。

その後、日本海で海洋調査船を用いて、深海掘削する国際プロジェクトが行われた。その結果、約千九百万年前から玄武岩質の火山活動が始まり、アジア大陸に海が侵入を開始したことが判明した。

さらに、日本海の中央にある大和堆と北大和堆から大陸地殻の証拠が見つかってきた（図3－3－1）。すなわち、大陸地殻に特徴的であり、海洋地殻には存在しない古生代、中生代の堆積岩や花崗岩《かこうがん》が得られたのである。これらの岩石は、日本海の拡大時期に取り残された大陸地殻の断片であると考えられている。

調査結果によれば、日本海は千五百万年前より前にできはじめていた。おそらく千五百万年前を遡る数百万年ほど前から、拡大運動が始まっていた。日本海の沿岸には中新世前期から中期の堆積物がたくさん残っている。これらは当時さかんだった火山活動を反映しており、火山の噴出物が大量に残されている。

こうした地層は緑色の凝灰岩《ぎょうかいがん》（火山灰など、火山の噴出物が固まってできた岩石）からなるので、地質学では「グリーンタフ」と呼ばれている。グリーンタフは、海底に噴出した溶岩や火山砕屑物《さいせつぶつ》に富む堆積物からなる。このグリーンタフこそが、日本海が拡大するときにさかんだった頃のマグマによる火成活動の名残であると考えられている。

図3-3-1. 日本海の地下構造

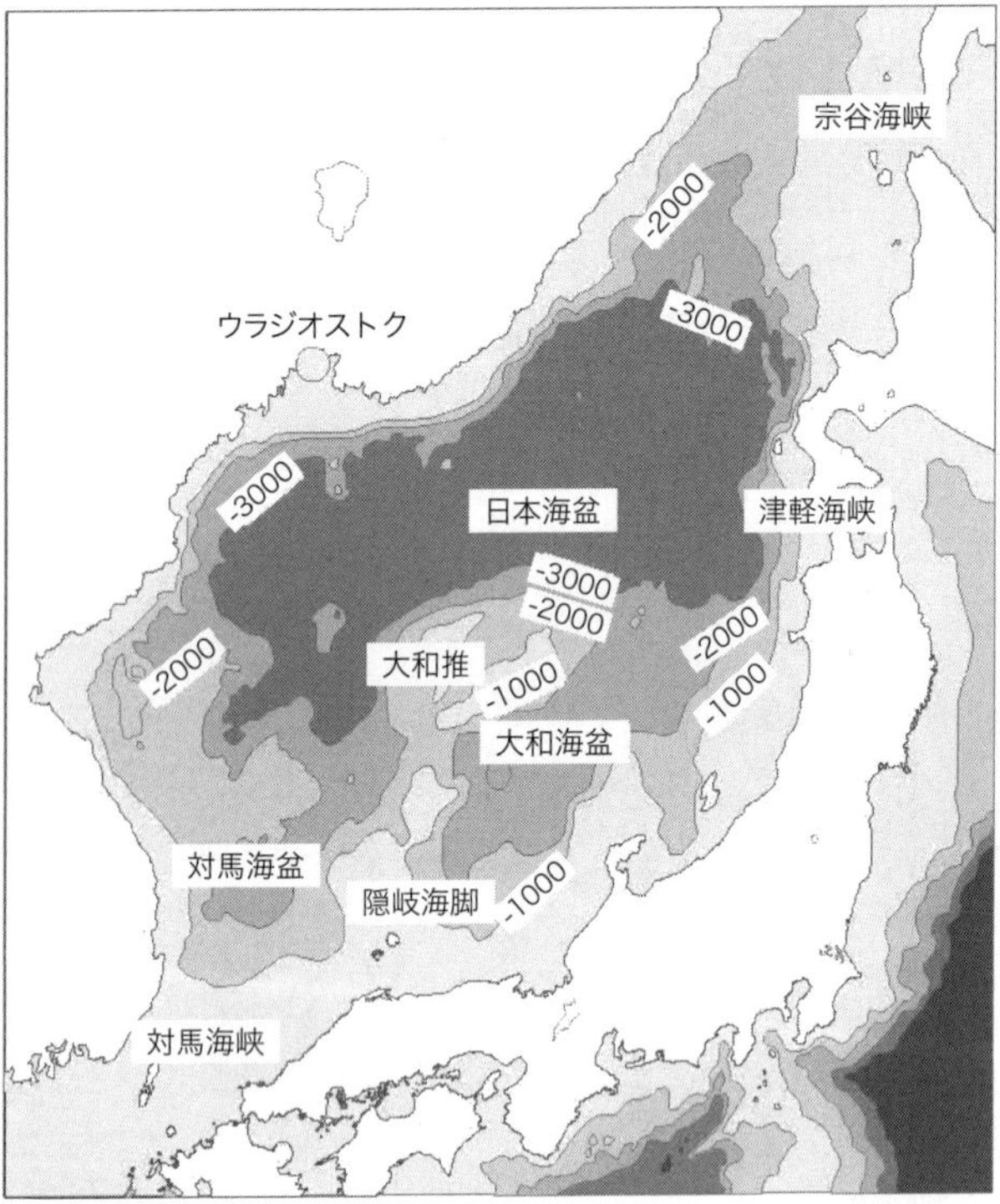

数字は水深（メートル）
海上保安庁による

ところで、当時の日本列島は現在のような本州をはじめとする四つの大きな島からなる姿ではなく、数多くの小さな島の集まりだった。千六百万年ほど前には、現在の東北地方のほぼ全域が水没し、ところどころに島々が残る状況だったと考えられている。

すなわち、現在の瀬戸内海のような「多島海」といった状態だったのである。そして島々のあいだに広がる海底では、大陸を裂いた熱いマントル上昇流の活動によって、火山活動が数百万年にもわたって継続していた。

日本海の拡大は日本列島の気候にも変化をもたらした。南端に開けた海から、海流が北方へ向けて流れ込んできたのである。

すなわち、現在の対馬列島のあたりから暖流が日本海へ入り、温暖な気候を日本列島にもたらしたのである。その結果、日本列島は亜熱帯から熱帯の気候になった。たとえば、海浜ではマングローブ林が生い茂るようになった。

日本列島の陸化

千五百万年前に東北日本が完全に大陸から分離した結果、日本海に暖流が流れ込み、浅い海の地層が堆積した。そして約千二百万年前になると、日本海に静穏な時代が訪れた。先に述べたリフティングが終了した時期である。

日本列島の西半分に当たる西南日本にかかる応力は、千五百万年前頃に変化した。すなわち、引き延ばされる伸張応力場から、横から押される圧縮応力場へと反転したのである。

東北日本と西南日本が折れ曲がる時期につくられた正断層は、後に起こった圧縮応力場では逆断層として再利用されるようになった。今度はこれが圧縮応力場特有の内陸地震を起こすようになったのである。

千二百万年前には、海底でひっきりなしに起きていた火山活動が止みはじめた。そして、海底が沈降しはじめたのである。その結果、日本海は水深１０００メートル以上の深い海になっていった。

また、縁海を作った地殻変動も終わりに近づき、それまでの海底にたまった膨大な厚さの地層が徐々に陸化していった。日本列島は次第に隆起を始め、現在見られるような島弧が完成したのである。約六百万年前に始まる鮮新世《せんしんせい》から二百五十九万年前に始まる第四紀にかけて、日本列島の大部分の地域が陸化した。

海底に堆積した地層や海底で噴出した火山岩は陸上に顔を出し、日本列島は海と陸を起源とする多様な岩石が露出するようになった。また、第四紀の日本列島では火山がさかんに噴火を繰り返した。その結果、日本は太平洋をとりまく世界屈指の火山地域となったのである。

日本海東縁ひずみ集中帯の形成

３－１節で解説した能登半島地震は、太平洋側ではなく日本海側でも地震による大きな災害が起きることをあらためて突きつけた。日本海側の防災対策が十分でなかった理由の一つに、太平洋側のように地震の発生場所とメカニズムに関する明確なモデルがなかった点が挙げられる。くわしく説明しよう。

既に述べたように日本列島は４枚のプレートに囲まれている。太平洋側は「海のプレート」である太平洋プレートとフィリピン海プレートが、また日本海側は「陸のプレート」である北米プレートとユーラシアプレートがある（図１－１－１を参照）。

前者は後者の下に沈み込んでおり、その境界に深い溝状の地形、すなわち海溝またトラフが生じている。その一方、日本海にある北米プレートとユーラシアプレートの境界では、２枚のプレートが互いに押し合っている。

日本海で北米プレートとユーラシアプレートが衝突している境界では、海のプレートが陸のプレートの下に定常的に沈み込んでいる太平洋側と異なり、地震の発生に規則性が見られ

図3-3-2. 日本列島周辺のプレート境界と日本海東縁ひずみ集中帯で起きた主な地震の震源（Mはマグニチュード）

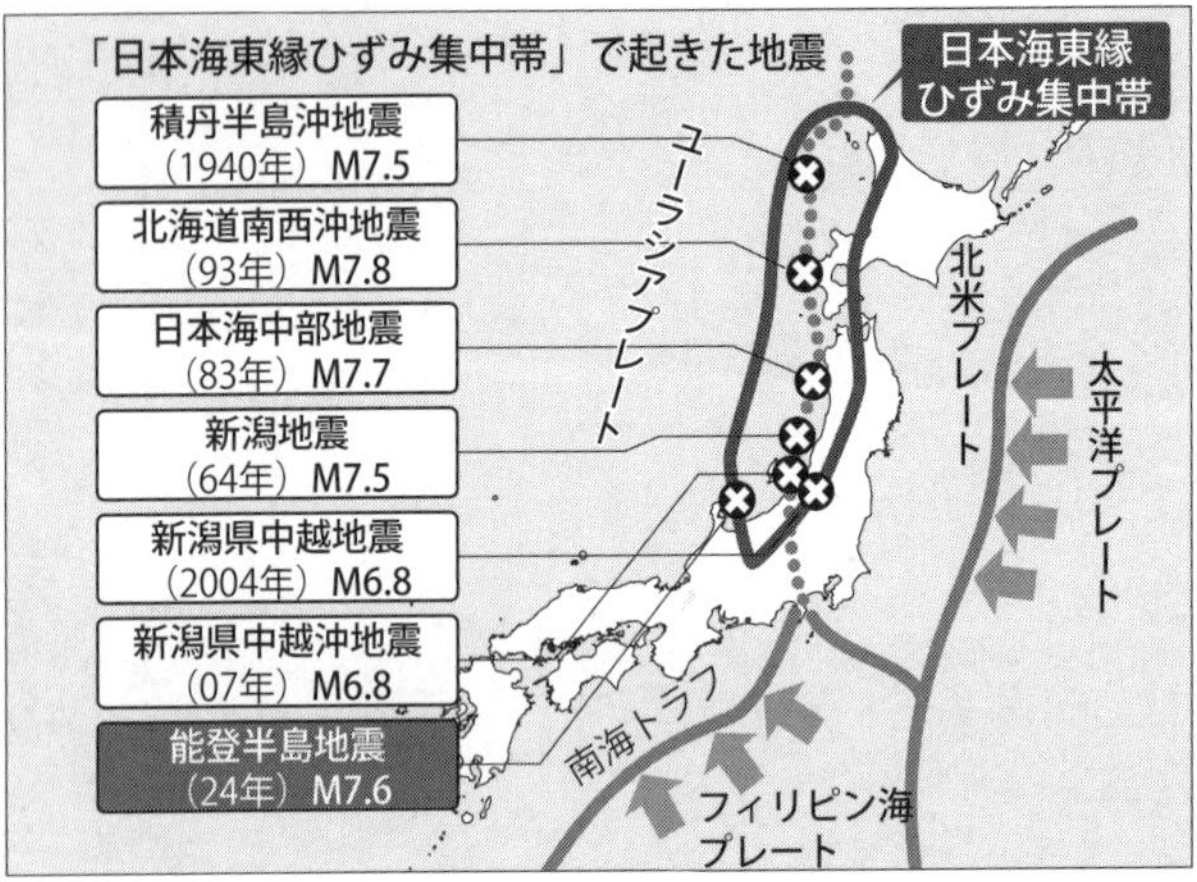

ない。すなわち、沈み込むプレートが跳ね返ることで定期的に起きる海溝型の巨大地震は起きない。

そして能登半島の東側から北へ伸びて新潟・秋田・北海道沖を通る海底には、南北方向に断層や褶曲《しゅうきょく》などの地殻変動を表す地形が確認されている。こうした地域は地殻に対して加わるストレスによって生じたので「日本海東縁ひずみ集中帯」と呼ばれている（図3―3―2）。

日本海東縁ひずみ集中帯では過去に大きな地震とそれにともなう津波が発生した。具体的には一九八三年の日本海中部地震（M7・7）、一九九三年の北海道南西沖地震（M7・8）、二〇〇七年の新潟県中越沖地震（Ｍ６・８）などだが、いずれも大きな被害をもたらした。

その活動は内陸にも及び、二〇〇四年の新潟県中越地震や二〇一四年に長野県北部地震などの直下型地震を引き起こした原因と考えられている。こうした陸上にかかるひずみ集中帯は「新潟―神戸ひずみ集中帯」と呼ばれている。

これについては次節でくわしく取り上げるが、その中では過去に阪神・淡路大震災（兵庫県南部地震、Ｍ７・３）、濃尾地震（Ｍ８・０）、新潟県中越地震（Ｍ６・８）が起きている。

二つのひずみ集中帯が生じる原因の一つは、太平洋プレートが日本列島を絶えず押していることにある。汎《はん》地球測位システム（ＧＰＳ）で観測された地殻の変動方向を見ると、ひずみ集中帯の領域でその方向が乱れているのがわかる（図３－３－３）。

また、その西側に位置する日本海東縁ひずみ集中帯は海域にあるためＧＰＳデータが得られないが、北米プレートとユーラシアプレートの境界に沿ってひずみが集中していると考えられる。ここで圧縮応力によって今回の能登半島地震の原因ともなった逆断層が形成され、これまで津波をともなう大地震を起こしてきた。

こうした現象には、太平洋側のプレート沈み込みのように繰り返し発生する規則性がなく、日本海の海底地震はいつどこで起きるかの予測が全くといってよいほど不可能である。

図3-3-3. 日本海東縁ひずみ集中帯と新潟-神戸ひずみ集中帯で観測された地殻変動

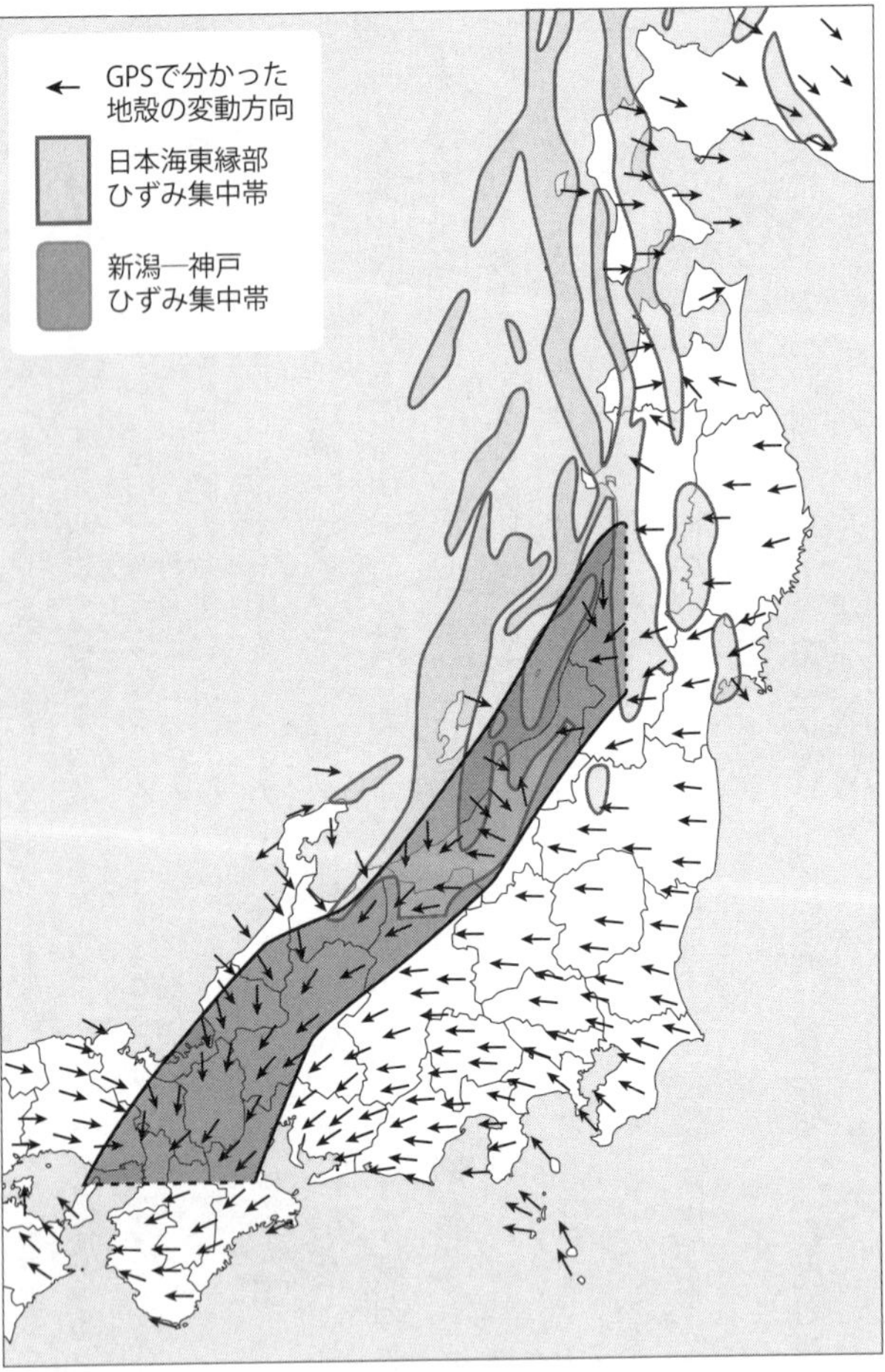

国土地理院のデータなどを基に朝日新聞が作製した図を一部改変

換言すれば、地震現象に再現性がなく、地震を引き起こす地球科学モデルがまだ確立していないため、予測と制御を目的とした防災対策が極めて立てにくかったのである。

地震調査委員会は、日本海東縁部で三十年以内にM７・５～７・８の地震が発生する確率を３～６％としている。これらの数字は確率80％の太平洋側と比べて低いと見られがちだが、活断層の地震では最も高いＳランクに匹敵する。

政府の地震調査委員会でも日本海の海底活断層の「長期評価」は進んでおらず、その多くは「全国地震動予測地図」に反映されていない。たとえば、同じ日本海でも北陸から九州北部にかけてのデータが不十分で発生確率が計算されていない。日本海側の地震は繰り返し周期がはっきりとせず、不明な点が多いからである。その結果として、日本海で起きる地震の危険性が地域住民へ十分に伝わっておらず、太平洋側と比べると防災対策が遅れていた。

ちなみに、日本海ではプレート境界で沈み込むプレートが跳ね返ることで起きる海溝型の地震は起きない。過去の履歴を見ると規模はＭ８クラスの地震までで、東日本大震災や南海トラフ巨大地震のようなＭ９クラスの巨大津波と地震は発生しないと思われる。

しかしながら、Ｍ７・６でも二〇二四年のような大災害となることを知り、今後は日本海東縁ひずみ集中帯の活動を注視し、地震と津波の発生に引き続き警戒する必要がある。

日本海側を太平洋側のバックアップ拠点に

日本海側の防災は近未来の日本全体の課題とも密接に関わっている。太平洋側は南海トラフ巨大地震、富士山噴火、首都直下地震という国家の存亡に瀕する危機を控えている。二〇三五年±五年に発生が予想できる南海トラフ巨大地震、それによって誘発される富士山噴火、またいつ起きても不思議ではない首都直下地震で、いずれも太平洋側を襲う激甚災害である（第2－1節を参照）。

太平洋側に比べると日本海側での防災意識は、これまで決して高くはない。二〇二四年の能登半島地震はまさに不意を突かれた状況で、日本海側では太平洋側と性質が異なる災害状況になる事実を突き付けられた。

今後は、日本海東縁ひずみ集中帯や、そこから内陸に延びる新潟―神戸ひずみ集中帯で起きる地震・津波に警戒し、太平洋側と同様の発生予測と防災対策に注力する必要がある。

さらに南海トラフ巨大地震は太平洋側に壊滅的な被害をもたらすが、その救助とバックアップ地域として、日本海側の自治体が重要な拠点となる。この地域のインフラなどを早急に整備し、激甚災害の発生前に人や物や情報をできるだけ分散させておく必要がある。それが二〇三〇年以降に確実に起きる南海トラフ巨大地震、首都直下地震、富士山噴火がもたらす激甚災害を少しでも軽減する国家喫緊の政策になる。

コラム8　地震現象にまつわる三つの想定外

地震予知は国民の悲願だが、先端の科学的知見を用いても、確度の高い予知は難しい。政府は「東海地震」についてこうした認識に立ち、二〇一七年十一月からそれまでの予知を前提とした体制を抜本的に転換した。東海地震の想定震源域を含む「南海トラフ巨大地震」について、発生の恐れがあると判断した時点で情報を発信する形に改めたのである。

その背景には、一九九五年に6400人以上の犠牲者を出した直下型地震の阪神・淡路大震災や、二〇一一年の東日本大震災を事前に予知できなかったことがある。特に、M9という巨大な規模の東日本大震災が起きることを想定できず、2万人近い犠牲者が出たことは地球科学者にとって痛恨の出来事だった。

また、二〇一六年の熊本地震ではM6・5の地震の後、M7・0の本震が発生し、さらに大分県まで震源が広がるなど前代未聞の事態が続いた。これらは二〇三〇年代に発生が予想される南海トラフ巨大地震の前兆として、西日本で直下型地震が増加するシナリオの一部だが、一般には「想定外の震災」という受け止め方が多い。

実は、地震現象とその予知には三つの「想定外」が存在する。一つ目の例は、東日本大震災を地震学者が正しく想定していなかったことである。以前から宮城県沖で大地震が繰り返し起きていることはよく知られていた。たとえば、政府の地震調査委員会は、今後三十年以内に宮城県沖でM7・5の地震が起きる確率を99%としていた。

ところが実際に東日本を襲った地震はM9・0という想像もしない規模だった。マグニチュードは0・1上がるごとに地震で放出されるエネルギー量は1・4倍になる。よって、二〇〇〇年に地震調査委員会が想定していたM7・5の178倍に当たる巨大地震が発生してしまった。

よもや桁違いに大きな地震が起きるとは、地震学者の誰もが予想だにしていなかった。起きてみると平安時代以来という千年に一度しか発生しない稀な現象だったので、専門家自身が「正常性バイアス」による不意打ちを受けてしまった。これは地震に限らず地球のどのような予測にも伴う現象である。

図コラム8. 阪神・淡路大震災の「震災の帯」で起きた被災状況

鎌田浩毅撮影

二つ目の想定外は、地下には地震を起こす未知の活断層が数多く隠れている事実である。特に、大都市の下に埋もれている活断層は十分な調査が進んでいないため、地震が起きてから断層が見つかることがよくある。

実際、阪神・淡路大震災の発生後、神戸市内で震度7を記録した「震災の帯」の真下で、断層によって地盤がずれている事実が判明した（図コラム8）。また二〇一八年の大阪北部地震では既知の活断層とは異なる場所が震源となっており、その後の調査で二つの異なる動きをする断層によるものとされた。

すなわち、調査で明らかにされるまで

「未知の活断層」はいつも想定外の地震を起こすのである。

地震は物理学でいう「複雑系」

三つ目は、地震現象そのものに関する想定外だ。地震は地下深部の岩盤が急速に割れることで起きるが、この現象に物理学でいう「複雑系」の要素が含まれている。

天然の岩石は多様な物質でできており、それらが相互かつ複雑に作用するため、いつどこで割れるのかを予知するのは不可能に近い。

自然界には超高速のコンピュータを用いても予測困難な現象がたくさん存在し、地震活動もこうした複雑系に当たる。そのため、地震の発生を何月何日何時のレベルで予知することはそもそも無理なのだ。

一般に自然界には同じことが繰り返し起きる「可逆現象」と、二度と起こらない「非可逆現象」がある。物理学や化学は実験室で再現可能な「可逆現象」を扱い、地球の歴史は同じことが二度と起こらない「非可逆現象」の代表である。

このように複雑系の代表とも言える「地球」そのものを扱う地球科学が、数学や物理学や化学に比べると不利な状況で研究を進めていることは、あまり知られていない。地球も人生も全て非可逆現象の積み重ねからなり、時間とともに変化し予測が付かないものなのだ。

実用的な地震予知が極めて困難な状況で、日本列島は一千年ぶりの「大地変動の時代」に入ってしまい、百年ぶりに起きる南海トラフ巨大地震を控えている。地震災害が頻発する日本で生き延びるには、こうした3項目にわたる「想定外」をまず理解することから始めていただきたいと願う。

3-4節　新潟―神戸ひずみ集中帯と内陸地震

日本列島には「日本海東縁ひずみ集中帯」とは別にもう一つ重要なひずみ変動帯がある。「新潟―神戸ひずみ集中帯」（新潟―神戸構造帯とも呼ばれる）は新潟県から信濃川を通って神戸市に至る幅200キロメートル、長さ500キロメートルの地域にある変動域である。

列島の中でも地殻の変形（ひずみ）が特に大きい特徴があり、全国に張り巡らされた国土地理院のGPS（汎地球測位システム）の観測網（GEONET）によって、日本列島を東西方向に押す力が地盤を縮めていることが二〇〇〇年に判明した。

日本列島をつくる地殻の平均的なひずみ速度は、100キロメートル当たり年間5ミリメートル程度であるのに対し、新潟―神戸ひずみ集中帯ではその数倍の1~2センチメートルずつ毎年縮んでいる。

GPSで観測された地殻の変動方向を見ると、新潟―神戸ひずみ集中帯の領域で、その方向が乱れているのがわかる（第3－3節の図3－3－3を参照）。このほか、新潟―神戸ひずみ集中帯の直下では、地殻の電気伝導度が小さく、比較的軟らかい岩盤が地下深部に存在している可能性がある。

太平洋プレートの沈み込みによって、岩盤が絶えず北西―南東方向に押された結果、新潟―神戸ひずみ集中帯より西側の地殻は東へ移動し、東側の地殻は西へと移動する変動が現在も進行中である。

その一方、日本海東縁ひずみ集中帯は、北海道や東北が乗る北米プレートとその西側にあるユーラシアプレートが衝突することによって、長期間ひずみを蓄積した領域である。

海底に活断層や活褶曲《かっしゅうきょく》があることから、三百万年ほど前から地盤が短縮したことが地質学的に示された領域であり、現在のひずみ速度の速さによって確認される新潟―神戸ひずみ

図3-4-1. 新潟-神戸ひずみ集中帯とその中で発生した直下型地震（Mはマグニチュード）

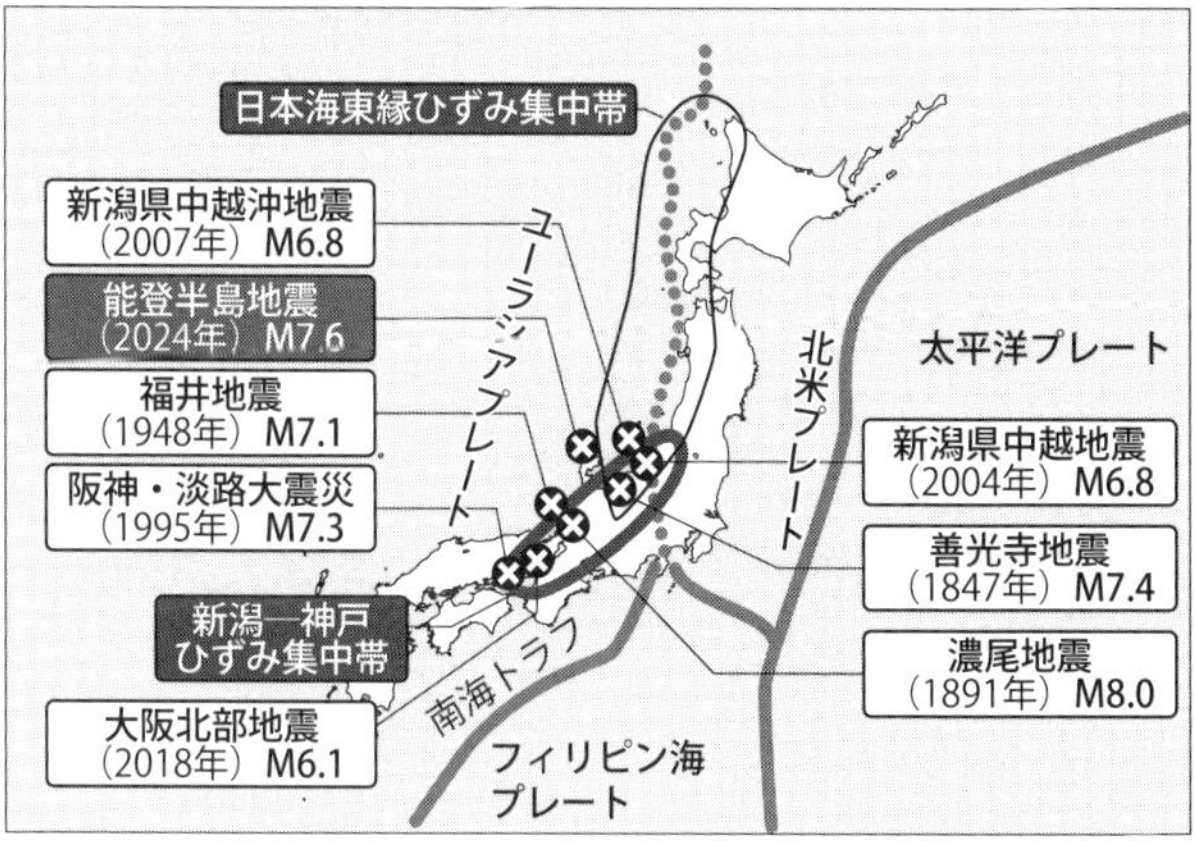

集中帯とは作られた時間軸が異なる。

これら二つのひずみ集中帯は新潟県から長野県で重なっており、新潟—神戸ひずみ集中帯には過去に発生した大地震が分布している（図3－4－1）。具体的には、一八四七年の善光寺地震（M7・4）、一八九一年濃尾《のうび》地震（M8・0）、一九九五年阪神・淡路大震災（M7・3）、二〇〇四年新潟県中越《ちゅうえつ》地震（M6・8）、二〇〇七年新潟県中越沖地震（M6・8）、二〇一八年大阪北部地震（M6・1）などが起きている。

新潟—神戸ひずみ集中帯の成因については、マントルから水が供給されることで下部地殻の強度が低下し、その結果として上部地殻に力が集中してひずみが生じるモデルがある。3―2節で述べた糸魚川―静岡構造線を挟んで東側と西側とで変形が異なり、西側で下部地殻に加わる力が新潟―神戸ひずみ集中帯を形成したと考えられている。

一般にひずみ集中帯は、地震のエネルギーがたまりやすい場所と考えられる。ただ、GPSによる観測が発達した現代でも、事前予知への応用はまだ難しい。新潟県中越地震と新潟県中越沖地震は、ひずみ集中帯の内部で過去数百年間に大地震が発生していなかった、いわば「地震空白域」で起きたが、地震発生の前に地殻変動のスピードが速まったり遅くなったりといった「予兆現象」はGPSで確認できなかった。

観測史上最大の濃尾地震

岐阜県美濃地方で一八九一年十月、M8・0の濃尾《のうび》地震が発生した。国内観測史上最大の内陸直下型地震であり、世界でも最大級である。震源は東西方向に地殻が圧縮される「新潟―神戸ひずみ集中帯」に含まれ、このひずみ集中帯では前述したように一九九五年の阪神・淡路大震災など内陸地震が多発している。

濃尾地震は濃尾平野の広い範囲で現在の震度階級で最大震度7を観測し、震度6強の揺れが広範囲を襲った。揺れは九州全土と東北地方まで達し、死者7273人、全壊家屋14万戸

図3-4-2. 小藤文次郎教授の撮影した根尾谷断層

（出典）Cause_of_the_great_earthquake_in_central_japan_1891

に上った。激しい揺れによって土地の亀裂や隆起が生じ、道路寸断2万か所、橋梁損落1万か所、堤防決壊7000か所、山崩れ1万か所など大きな被害が発生した。

震源となった根尾谷《ねおだに》の水鳥《みどり》（現・本巣市根尾）には垂直に6メートルの段差が現れた（図3－4－2）。地震で生じた地下深部の岩盤のずれが、地上まで達して断層となった例である。一九九五年の阪神・淡路大震災で約1メートル垂直にずれた野島《のじま》断層（兵庫県北淡町《ほくだんちょう》）と比べても、いかに大きかったかがわかる。この断層崖は「根尾谷断層」として一九二七年、国の特別天然記念物に指定された。

濃尾地震は岐阜県から福井県にまたがる

主要活断層帯「濃尾断層帯」のうち、根尾谷断層帯、梅原断層帯、温見《ぬくみ》断層北西部の三つの断層が連動して活動した。過去の根尾谷断層のトレンチ（溝）発掘調査の結果、過去一万二千年に6回断層活動をしたことがわかっており、約二千年に一度の頻度で地震を起こしていることになる。

地震調査研究推進本部の長期評価によれば、根尾谷断層帯や梅原断層帯が今後三十年に地震を発生する確率はほぼ0%とされている。蓄積されていたひずみが百三十年前に解消されたので、その断層そのものでは地震が起きにくいが、大断層がすべったことで近くの断層がすべりやすくなった可能性もあるので、濃尾断層帯を震源にした大きな地震が再び起きる可能性は残っている。

地震防災研究のきっかけ

濃尾地震は日本の地震研究に大きな影響を与えた。地震は地下の断層が動いて起きるという考え方は、濃尾地震で地上に現れた、長さ80キロメートルにわたる根尾谷断層の研究から始まった。

明治政府が招聘《しょうへい》した外国人教師ジョン・ミルン（一八五〇〜一九一三）はウィリアム・バー

トン（一八五六〜一八九九）とともに地震直後に現地に赴いて調査を行った。ミルンに師事した東京帝国大学教授の大森房吉《ふさきち》（一八六八〜一九二三）も調査に出向き、地震後に起きる余震を調べて時間とともに余震が減少する「大森公式」を提案した。

また、濃尾地震後には気象台の６割以上の測候所にグレー・ミルン・ユーイング地震計が配備され、全国的に地震観測が行われるようになった（図３－４－３）。

図3-4-3. グレー・ミルン・ユーイング地震計

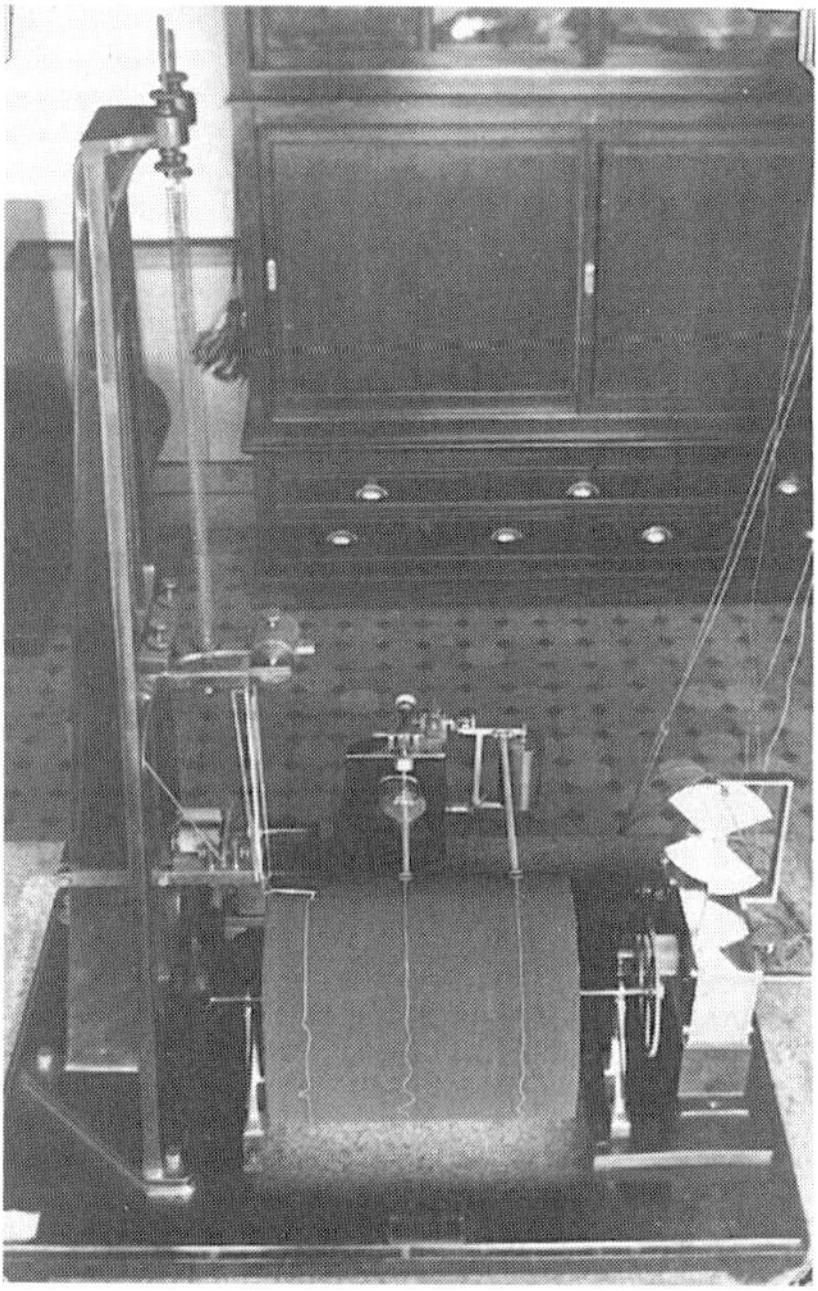

気象庁のホームページによる

さらに、貴族院議員の菊池大麓《だいろく》らは地震被害を軽減する研究機関の設置を帝国議会に建議し、一八九二年に文部省内に「震災予防調査会」が設置された。

その委員には小藤文次

郎、辰野金吾、関谷清景《きよかげ》、巨智部《こちべ》忠承《ただつね》、田中舘《たなかだて》愛橘《あいきつ》、中村精男《きよお》、長岡半太郎、田辺朔郎《さくろう》、大森房吉など明治期の主要な学者が参加し、理学と工学の連携研究が始まった。すなわち、地震のメカニズム解明だけでなく、建物の耐震性向上の研究にも取り組み、現在まで続く地震防災のさきがけとなったのである。

新潟―神戸ひずみ集中帯の地震活動は西日本の地震防災にとって重要な課題である。二〇三〇年代に南海トラフ巨大地震の発生が予測されるが、過去の南海トラフ巨大地震の発生前後には活断層による直下型地震が増える傾向にある。たとえば、一九四六年の昭和南海地震の前には三河地震（一九四五年）、また後には福井地震（一九四八年）などＭ７クラスの直下型地震が起きている。よって、今後も新潟―神戸ひずみ集中帯の内部で起きる地震に厳重な警戒が必要である。

コラム9 地震発生前の電離層異常

気象の変化は地球を取り巻く大気がつくり出している。台風や豪雨など自然災害を未然に防ぐには、大気の構造を知る必要がある。このコラムでは大気と地震の地学を結びつける研究を紹介しよう。

大気には「対流圏」「成層圏」「中間圏」「熱圏」の4層構造があり、地上からの距離によって性質が変化する（図コラム9）。高度11キロメートルまでの「対流圏」は大気の全質量のうち約8割が含まれており、その名が示す通り空気が上下に対流する。地表付近の大気には水分が多く含まれ、水が蒸発すると水蒸気となり上昇する。

上空へ移動するにつれて雲をつくり、その雲から雨を降らせて大量の水を循環させている。対流圏と成層圏の境を「圏界面《けんかいめん》」という。対流圏の気温は、太陽放射で加熱される地表付近で高く、高度が上がるほど低くなり圏界面で最小になる。

次の高度11〜50キロメートルまでが「成層圏」である。成層圏には水分はなく、対流圏のような上下の循環は起きず安定している。成層圏では対流圏とは逆に上空にいくほど温度が高くなる。

成層圏の上で高度50〜80キロメートルまでが中間圏である。ここでは高度とともに気温は低下する。成層圏と中間圏をあわせて「中層大気」と呼ばれる。

高度80〜500キロメートルの層は「熱圏」である。高くなるほど大気は薄くなり気温

図コラム9. 大気圏の区分と電離層

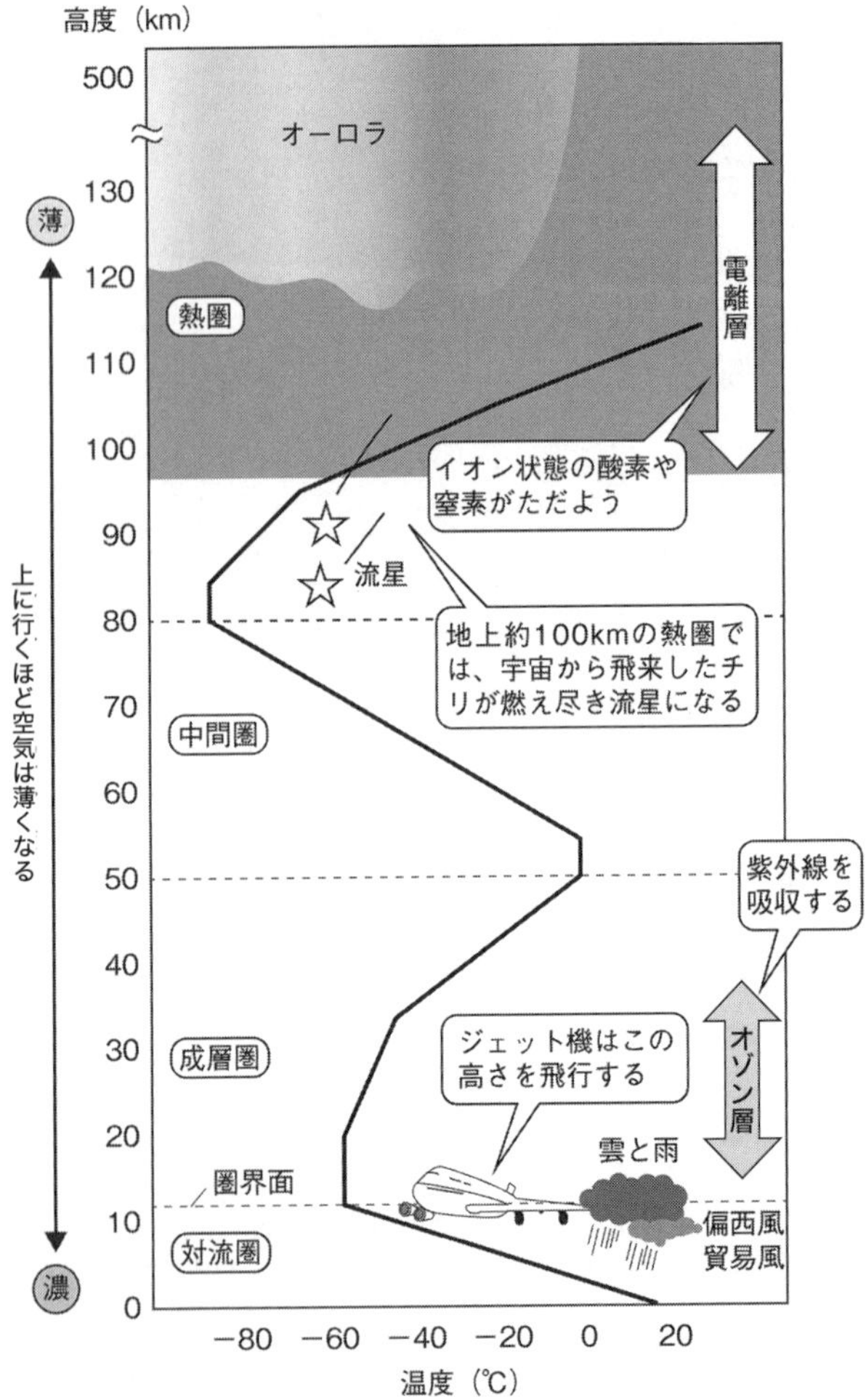

が上昇する。高度200キロメートル以上では600℃を超えるため熱圏と呼ばれる。

熱圏のうち、高度100～300キロメートルにはイオン状態に電離した酸素や窒素がただよう「電離層」がある。ここでは地上からの電波を反射する働きをするため、ラジオなどの通信に利用される。地上から発射された電波は、電離層と地上の間で反射しながら地球の裏側まで届く。

水が「超臨界状態」に

北極や南極など高緯度地域で見られるオーロラはこの熱圏で起こる現象である。太陽表面から電気を帯びた大量の粒子が地球に降り注ぎ、空気中の酸素原子や窒素原子と衝突して発光する。100～400キロメートルの高さで酸素原子から緑色、窒素原子から赤色の光が出てオーロラとなる。

最近、この電離層の観測から地震予知に結びつく可能性があるという研究が報告された。二〇一一年の東日本大震災や二〇一六年の熊本地震など大地震の発生直前には、震源付近の電離層に異常が観測されたことがある。一方、地震発生前になぜ異常が生じるかを説明する明確な物理モデルはなく、仮説がいくつか出されているのみであった。

京都大学の梅野健《けん》教授らの研究グループは、地震前に観察される電磁気学的な異常が、地殻が破壊される際に鉱物中の水が「超臨界状態」になることで説明できるとした。なお、超臨界状態とは、臨界点を超えて極めて高温、高圧の状態で、物質が気体とも液体ともいえない状態になることを指す。

東日本大震災や南海トラフ巨大地震は、地下のプレートの境界が急激にすべることで発生する。境界にはすべりやすい性質を持つスメクタイトなどの粘土鉱物が存在し、中にある水が地震発生前に超臨界状態となる。

プレート境界のような高温・高圧下では、水が通常と異なり絶縁性の性質となる。このとき電気特性が急に変化することで電磁気学的異常が生まれる。

このモデルから予測される生成電場が、地震発生前に観測される電離層の異常と整合的であり、地震予知の一つの手法になる可能性があるとした。解決しなければならない問題も残るが、メカニズムの発想が非常に斬新なので、大気と地震の地学を結びつける研究の進展を今後も期待したい。

３—５節

Ｍ９クラスの日本海溝・千島海溝地震

二〇二一年十二月に政府の中央防災会議のワーキンググループが、北海道及び日本海溝・千島海溝沿いの太平洋で起きる巨大地震の被害想定をまとめた。具体的には、想定される最大クラスの地震の震度分布と、同時に起きる津波高と浸水域を公表した。いずれも非常に大きな災害が予想されているのでくわしく解説しよう。

岩手県沖から北海道日高地方沖合の日本海溝沿いにある震源域と、襟裳岬《えりもみさき》から千島海溝沿いの震源域の二つで発生する地震の予測が、詳細に行われた。地震の規模を表すマグニチュード（Ｍ）では前者がＭ９・１、また後者はＭ９・３が想定された（図３—５—１）。

これは二〇一一年の東日本大震災を引き起こしたＭ９・０や、二〇三〇年代に起きる可能性の高い南海トラフ巨大地震のＭ９・１を上回る非常に大きなものである。すなわち、日本列島の北方に再び超巨大地震が襲来すると言っても過言ではない。

海底で地震が起きるメカニズムは、東日本大震災と全く同じである。すなわち、日本海溝と千島海溝は、太平洋プレートが日本列島を乗せた北米プレートの下に沈み込む場所にあ

図3-5-1. 日本海溝・千島海溝巨大地震の想定震源域と
最大津波高（Mはマグニチュード）

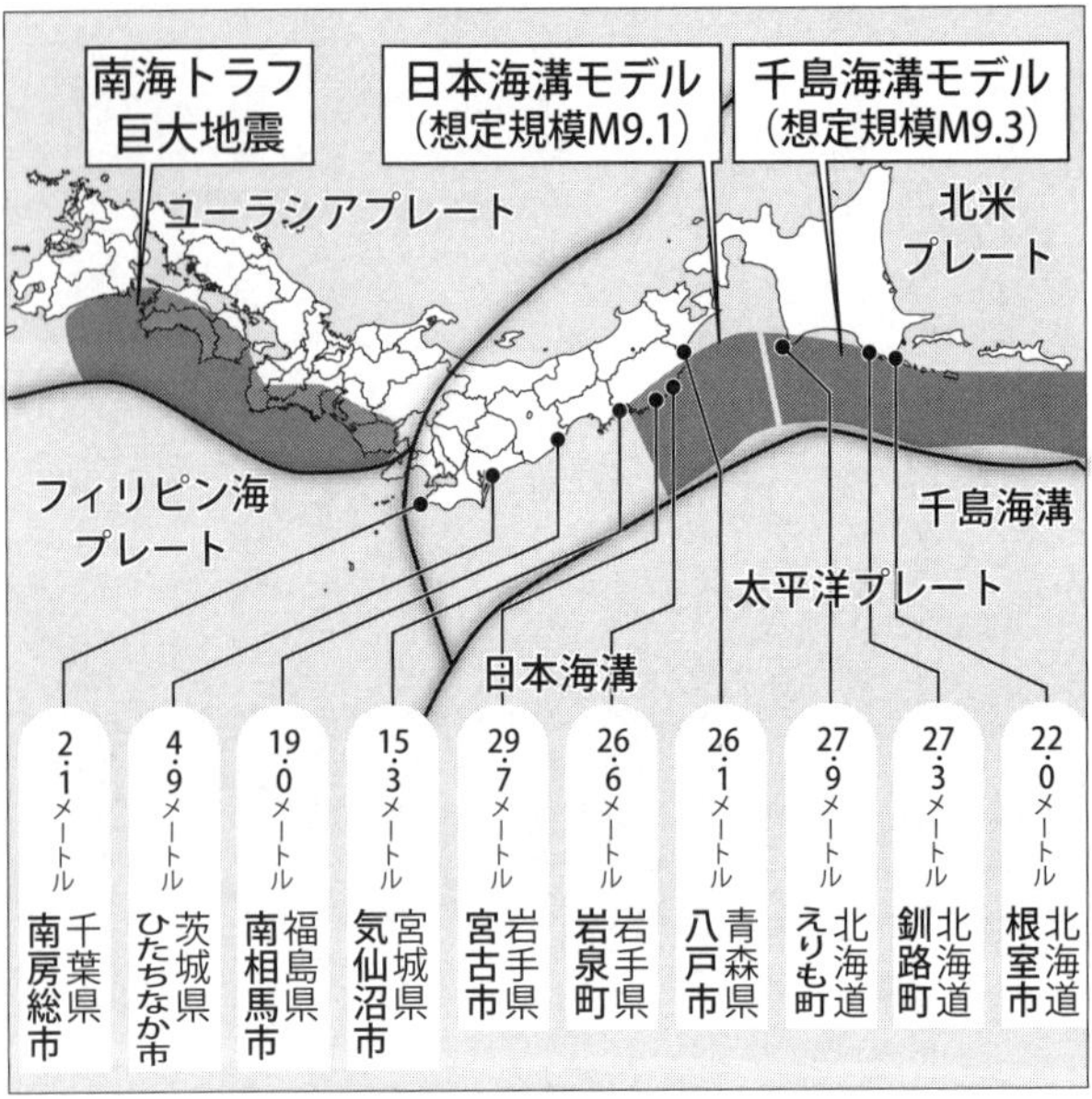

る。こうした2枚のプレート境界面が一気にずれるとM9クラスの巨大地震が起き、同時に隆起した海底に沿って大津波が発生する。

なお、プレートが沈み込む速度は年に10センチメートルほどで、南海トラフ巨大地震を引き起こすフィリピン海プレートの年に4センチメートルほどに比べると倍以上も速い。

さらに日本海溝・千島海溝では二つのプレート境界面が接合しやすい性質があるた

め、地震の起こる頻度が高くなっている。国の地震調査委員会は千島海溝沿いを震源とするＭ８・８以上の地震が三十年以内に起きる確率を、最大40％と見積もった。

日本海溝・千島海溝沿いで発生した過去の巨大地震は、海岸近くで見つかる津波堆積物の地質調査から明らかにされてきた。過去六千五百年間に発生した18回ほどの巨大地震では同時に大津波が発生した。

津波の残した堆積物の調査結果から、北海道から岩手県の太平洋沿岸では三百～四百年ごとに大津波が襲っていたことがわかってきた。前回の巨大地震は十七世紀前半に起きた慶長三陸地震（一六一一年）である。そして最新の活動時期から約四百年が経過していることから、日本海溝・千島海溝沿いで最大クラスの津波の発生が迫っていると警戒を促している。

さらに、満潮時などの条件下で沿岸部の津波高を推計したところ、岩手県宮古市で最大29・7メートル、また青森県八戸市で25メートルを超える津波が来ると予想された。すなわち、宮古市以北の多くの場所で東日本大震災より高い10～20メートルの津波が襲ってくる可能性がある。

東日本大震災を超える被害規模

次に日本海溝と千島海溝沿いの巨大地震と津波がもたらす具体的な災害について見ていこう。

北海道から東北北部の太平洋沖でマグニチュード9クラスの巨大地震が起きると、震度7の強い揺れと最大で30メートル近い大津波が押し寄せる。具体的に見ると、北海道・襟裳《えりも》岬《みさき》の東方沖を震源域とした場合には、厚岸町《あっけしちょう》で震度7、えりも町は震度6強の揺れに襲われる。特に、冬の深夜の地震発生で津波避難率が20％と低い場合に、最大の被害が想定される。

その結果、日本海溝沿いの地震では犠牲者数が19万9000人、全壊・焼失棟数が22万棟となる（図3－5－2）。また千島海溝沿いの地震では犠牲者数が10万人、全壊・焼失棟数が8万4千棟となる。いずれも東日本大震災による死者数や経済的被害を大幅に超え、南海トラフ巨大地震に匹敵する甚大なものだ。

こうした犠牲者のほとんどは津波によるもので、北海道、青森、岩手、宮城、福島、茨城、千葉の7道県で発生する。実際には津波による浸水深が30センチメートルを超えると犠

図3-5-2. 日本海溝・千島海溝地震の被害想定

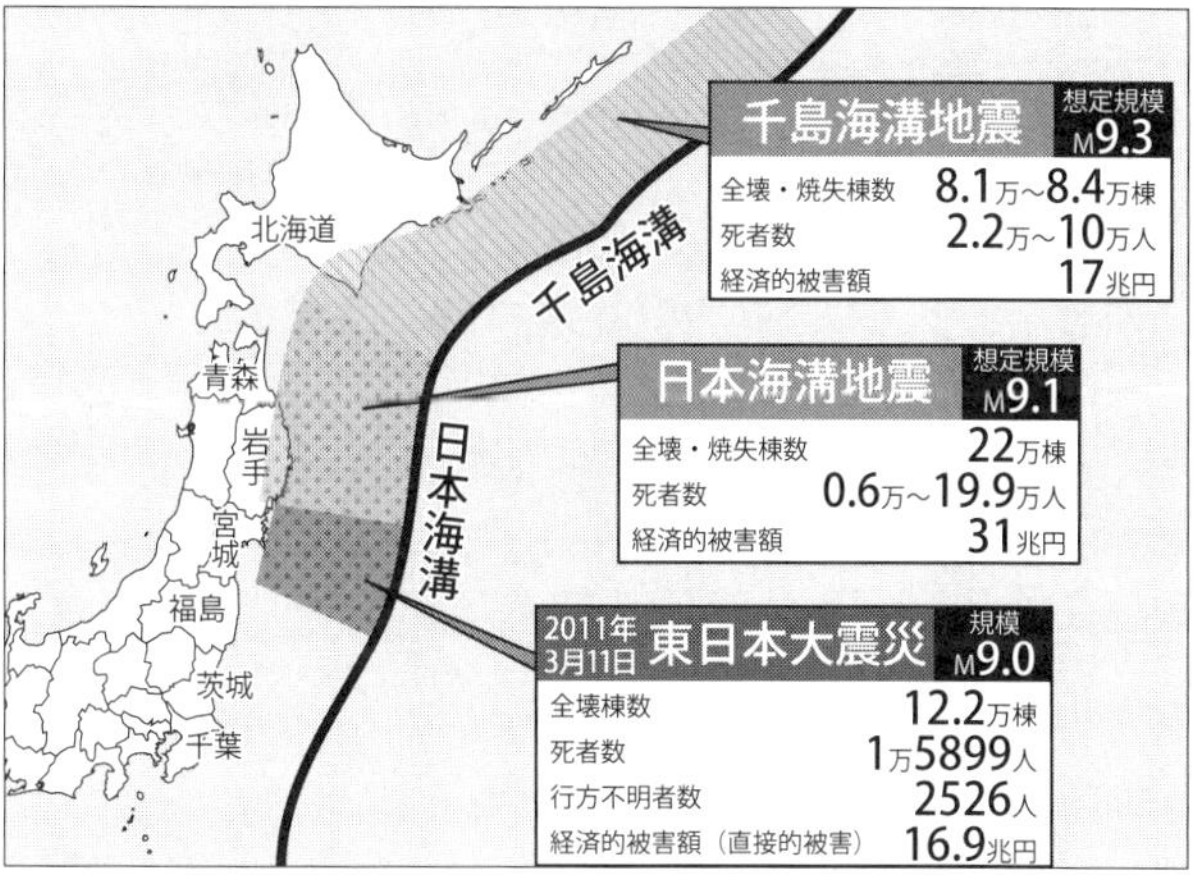

牲者が出るため、人的被害を減らすには早期の避難しかない。

具体的には、津波避難タワーの整備や、避難を十二分以内に始めるという早期避難によって、犠牲者数の８割を減らすことができる。すなわち、日本海溝沿いの地震では最大19万９０００人から３万人に、千島海溝沿いの地震では最大10万人から１万９０００人まで減らせる。一方、津波避難タワーをつくるだけでは家屋流出は減らせないので、家屋被害を減らすには高台移転を促進する必要もある。

建物とインフラの被災や生産低下による経済的被害の想定は、日本海溝地震は31兆３０００億円、また千島海溝地震では16兆７０００億円に達する。経済被害の大部分も津波によるもので、沿岸部にある施設と港湾の被害が特に大きい。道路・鉄道・通信などのインフラと電気・水道・ガスなどのライフラインの長期にわたる途絶が予想される。

建物被害では、強震動・津波・火災などによる全壊棟数が、日本海溝地震で最大22万棟、千島海溝地震で最大8万4000棟となる。特に冬は積雪荷重で強震動による全壊率が高くなり、さらに夕方は出火率が上がり火災による全壊が増える。一方、耐震化率が向上すれば全壊数は大幅に減少し、日本海溝地震で1000棟、千島海溝地震で4000棟は減らせる。

こうした経済的被害も事業継続計画（BCP）の実効性を高めることで、日本海溝・千島海溝の地震に対して、それぞれ1割減と2割減が見込める。最新の地震学でもいつどこで地震が発生するかの短期予知は不可能で、想定される震災に対して備えを急ぐ必要がある。

なお、二〇二五年の通常国会には、日本海溝と千島海溝で発生する地震を対象に地震津波対策を強化する特別措置法改正案が提出される予定である。

冬季に生じる特異的な災害

日本海溝・千島海溝地震で被害想定された地域は寒冷地にある。したがって、冬季の深夜に巨大地震が起きると被害が急増する。北海道から千葉県にかけての太平洋側と秋田、山形を含む9道県に被害が出ると予想されている。

具体的には、積雪地域では吹雪《ふぶき》や路面凍結で避難が著しく遅れるため、津波被害が最も大きくなる。さらに、津波と共に流氷が襲ってくる可能性もある。余震が続く中で防寒着を着込み、積雪や凍結が見られる道路で避難しなければならない。

内閣府による被害想定では、冬の夕方に津波から早期避難ができなかった場合、発生から一日後の避難者数は日本海溝では90万1000人、また千島海溝では48万7000人に達する。

また極寒地では、避難所でも暖が取れなければ低体温症にかかる人が増える。さらに本州からの救援部隊は、寒冷地仕様の資機材を持たないため救援に困難をともなう恐れがある。

冬季以外でも寒冷地では、津波に巻き込まれ濡れたままの被災者が低体温症で死亡するリスクがある。高台などに難を逃れても、屋外にいる時間が長ければ命を落とす恐れがある。

低体温症の要対処者数は、日本海溝と千島海溝の地震それぞれで4万2000人と2万2000人に及ぶ。だが、避難所への避難路と体を温める防寒備品の整備などによって、こうした死亡リスクは減らせるだろう。

被害が予想される上記の9道県では、自力避難が難しい高齢者の割合が多い。たとえば、一九九五年一月に起きた阪神・淡路大震災や、二〇一一年三月に起きた東日本大震災と同じように、寒さで体調を崩す人が続出し、避難後の災害関連死の増加につながる恐れがある。よって、寒冷地の避難では「家から逃げる時」と「避難所に逃げた後」のそれぞれに防寒の工夫が必要となる。また、避難する際の一人ひとりのタイムラインの策定や、高齢者をサポートするシステムづくりが求められている。

東日本大震災後、「想定外」の事態を最小限にするため防災態勢の見直しが進んでいる。南海トラフ巨大地震は最大死者32万3000人、首都直下地震は同2万3000人と見積もられている。

一方、早期避難を可能にする「事前復興」の徹底により、死者や建物被害などの想定被害を大幅に減らせるとしている。内閣府は事前に十分な策を講じれば死者数の8割を減らせるとし、さらに土木学会はインフラ整備によって経済被害の6割を減らせると提言している。

また日本海溝・千島海溝沿いの巨大地震でも、避難率が上昇すれば犠牲者数を大幅に減らすことができる。具体的には、避難率が100%になれば日本海溝地震で3万人まで、また千島海溝地震で1万9000人まで犠牲者を減らせるが、どちらも8割減となっている（図3―5―3）。

図3-5-3. 日本海溝・千島海溝地震の発生前に
早期対策を講じることで減らせる犠牲者数

(冬・深夜のケース)	早期避難率20%の場合の死者数		対策ありの場合の死者数
日本海溝モデル	19.9万人	→	3万人
千島海溝モデル	10万人	→	1.9万人

- 早期避難率100%
- 津波避難ビル・タワーの活用・整備
- 建物の耐震化率100%
- 急傾斜地崩壊対策100%
- 感震ブレーカーの設置、初期消火成功率の向上など

対策で8割減！

地学的に見ると、日本の国土面積は世界のわずか０・25%だが、世界で発生するマグニチュード６以上の大地震の２割が集中する。加えて第1章で述べたように、東日本大震災以降の日本列島は一千年ぶりの「大地変動の時代」に突入している。今回の内閣府による地震被害想定を早急に事業継続計画に組み込み、対策を進めなければならない。

北海道の活火山の活動

北海道には20の活火山があり、近年では樽前山《たるまえさん》（一九八一年）、有珠山（二〇〇〇年）、北海道駒ヶ岳《こまがたけ》（二〇〇〇年）、十勝岳（二〇〇四年）、雌阿寒岳《めあかんだけ》（二〇〇八年）などがそれぞれ噴火している（図２－５－４を参照）。

特に有珠山は現在でも活動期にある火山で、二〇二四年は昭和新山の噴火から80周年に当たり関心も高い。有

珠山は約一～二万年前に洞爺《とうや》カルデラの南側に生じた成層火山と溶岩ドーム群の総称である。二十世紀に入ると一九一〇年、一九四四年～一九四五年、一九七七年～一九七八年、二〇〇〇年の4回噴火した。

この中でも第二次世界大戦中の一九四四～一九四五年には、水蒸気噴火のあと畑地からマグマが噴出し、屋根山《やねやま》中央部の爆裂火口群の中心から溶岩が現れ溶岩ドームを生成した。これは「昭和新山」と命名され、後に国の特別天然記念物に指定された。

二〇〇〇年三月三十一日には西山《にしやま》西麓からマグマ水蒸気噴火が発生し、火口周辺に噴石を大量に放出した。四月一日に金比羅山《こんぴらやま》北西麓から噴火を開始し四月中旬まで小規模な水蒸気噴火を繰り返し、西山西麓と金比羅山周辺に計65個の火口を形成した（鎌田浩毅著『火山はすごい』PHP文庫を参照）。この噴火では地下のマグマが地下水を温めて水蒸気爆発を起こし、その後マグマ水蒸気爆発へ推移した。

噴火前に地震と地殻変動が観測され、住民約1万6000人が事前に避難し人的被害を未然に防ぐことに成功した。その後は活動が収束しているが、二十数年の周期で噴火していることから、近々の噴火への警戒が必要である。

北海道駒ヶ岳は北海道・渡島半島中央部に位置する大型の成層火山である。一六四〇（寛永十七）年の噴火では「岩なだれ」で津波が発生し、７００名以上の犠牲者を出した。その後も度々噴火が記録されているが、二〇〇〇年の水蒸気爆発以降は目立った活動はないが現在も要注意の活火山である。

雌阿寒岳は道東にある阿寒《あかん》カルデラの南西に位置し、ポンマチネシリや阿寒富士など８つの火山から構成される成層火山群である。約一千年前にポンマチネシリ山頂部で中規模のスコリア噴火を行った以後は水蒸気爆発が頻発している。直近の噴火は二〇〇八年の小規模な水蒸気爆発で、現在は比較的静穏な状態にある。

北海道には九州の活火山と同様、近い将来の噴火に対する警戒が必要なものが多数ある。地震防災とともに火山防災も喫緊の課題であることには間違いない。

コラム10 激甚災害の危機管理態勢と高校「地学」

日本列島で近未来に予測される激甚災害に対して、日本では統括的に取り組む組織がない。米国には大災害発生時に支援活動を統括する連邦緊急事態管理庁（ＦＥＭＡ）がある

図コラム10. 米国連邦緊急事態管理庁（ＦＥＭＡ）の討議風景

ウィキメディア・コモンズによる

（図コラム10）。

実際、十年以上前から日本でも「防災省」の構想が出されているが、政治家は天災への対応や危機管理は票にならないので関心が薄い。これまで「デジタル庁」「こども家庭庁」は実現したが、防災省構想は各省庁の思惑が複雑に絡むため一向に動かない。

今後、ＦＥＭＡのような横断組織ができれば、平時における最大の仕事は首長と議員を啓発・教育し、国家的危機に迅速に対応できる判断力を身につけてもらうことになる。実は、国内問題にとどまらず、激甚災害がウクライナ戦争のような有事に重なったらどうなるかをシミュレーションする必要もある。

東日本大震災では宮城県の航空自衛隊松島基地が被災し、戦闘機に相当な被害が出た。災害と戦争が重なる確率は決して低くはなく、日本は安全保障上、極めて脆弱《ぜいじゃく》な立場にあるという認識を、国を預かる政治家は持たなければならない。

本文でも解説した南海トラフ巨大地震や首都直下地震などの激甚災害について、政府と学会が具体的に警告している。南海トラフ巨大地震の被害総額は国家予算の倍以上に相当する２２０兆円で、首都圏から九州までの広域に被害を与え、被災者は総人口の半数に当たる６８００万人以上に及ぶ。

また、首都直下地震の被害総額は95兆円である。したがって、二〇三〇年以降の内閣官房長官には、「南海トラフ巨大地震」「首都直下地震」そして「富士山噴火」の三大天災に備えた危機管理ができる人物を配置する必要がある。

具体的には、災害発生時のリアルタイム情報収集力、霞が関官僚へのグリップ力、超党派で護民官的行動ができる人材を、二〇三〇年までに養成しなければならない。かつて経験した阪神・淡路大震災と東日本大震災では、首相官邸の力量不足が後々まで影響を残した。

天災は忘れたころにやって来て、人命と国土に甚大な爪痕《つめあと》を残す。国民の命と財産の守る役割を果たす政治家と官僚が、迫り来る潜在的危機にきちんと向き合って社会インフラを整備し、国民に心の準備を先導する必要がある。こうした国家的課題と並行して、足下の防災問題についても喫緊の問題があることを知っていただきたい。

高校「地学」の履修者が激減

高校「地学」は地球を対象とする自然科学の一分野であり、日本では高校理科の科目にもなっている。文部科学省が行った高校教科書の検定結果では、二〇二三年四月から高校2年生が使う選択科目の地学で、教科書を申請したのは新興出版社啓林館の1社のみだった。これまでは「地学」は2社の教科書から選べたが、新しい学習指導要領下ではそうした選択肢がなくなったことを意味する。

その原因は、最近二十年間に高校で地学を履修する生徒が激減したからである。ちなみに、私が一九七四年に卒業した高校では、物理、化学、生物、地学は必修で、全生徒が履修していた。しかし、二〇一五年度の文科省の調査では、地学を開設している公立高校は普通科3年生で11・2%、2年生で1・8%と非常に少ない。

こうした「地学離れ」の原因は大学入試にある。地学は大学入学共通テストの出題科目でもあるが、二〇二二年の共通テスト（本試験）で地学を受験した生徒はわずか1350人で、物理14万人、化学18万人、生物5万人と比べると極端に少ない。それと呼応するように地学の教科書需要はわずか9201冊で、啓林館（84％）と数研出版（15％）2社のみであった。

これまで地学の教科書では、最新の研究成果を盛り込みながら、複数で内容を競い合ってきただけに、「地学の応援団」を長年やってきた私としては大変ショックである。実際、地学の教科書にさまざまな情報を提供してきたし、一般向けにわかりやすく著書を執筆する際には大いに参考にさせてもらった。また、社会に出てから地学を学び直してもらうため、『やりなおし高校地学』（ちくま新書）の執筆も引き受けた。

地学は「地を学ぶ」と書くように、我々人類の「生存の基盤」を科学的に知る学問である。具体的には、硬い地盤のある地球（固体地球）、水や空気が流れている海洋と大気（流体地球）がどうしてできたのかを明らかにする。さらに、固体地球や流体地球を取り囲む太陽系の成り立ちを考え、太陽系から銀河系、宇宙へと領域を広げていく。

その中身は非常に多様で、地球や宇宙、海洋、気象、地震や火山の災害、鉱産資源、エネルギー資源など、身近な題材には事欠かない。とりわけ、近年頻発する地震や噴火や気象災害は、すべて地学と密接に関係する。

二〇一一年に起きた東日本大震災を境として、日本列島は九世紀以来一千年ぶりの「大地変動の時代」に突入した。近い将来の激甚災害の対策には地学の知識が必須である。

地学の教育では、現象に関する基本的な法則や概念を得ることにとどまらず、自然界の多様性を理解するという大きな狙いがある。全世界で喫緊の課題である地球温暖化問題などの基礎知識を補充する意味でも、地学は役に立つ。科学的な自然観・宇宙観を身につけることも達成目的とされており、現代人に必要な「教養」と言っても過言ではない。こうした中で地学を学ぶチャンスが減るのは極めて残念で危険とも言えよう。

3－6節　日本沈没は起きるか

SF作家の小松左京が発表した小説『日本沈没』は、今後の日本列島で起きる地殻変動を活写した優れた小説である。一九七三年の刊行後に５００万部を超えるミリオンセラーとなり、同年には映画化され900万人を動員した。二〇〇六年に草彅《くさなぎ》剛と柴咲《しばさき》コウの主演で再び映画化され、二〇年にはNetflixでアニメ化されている。

二〇二一年にはTBS系ドラマの日曜劇場「日本沈没―希望のひと―」が評判となり日本全国で話題となった（図3－6－1）。小説は地盤の大変動で日本列島が海に沈むという荒唐《こうとう》無稽《むけい》にも思われる設定だが、放映中の十月七日に首都圏で最大震度5強の地震が観測され、二十日には阿蘇山が噴火し十二月三日に山梨県と和歌山県で震度5弱の地震が発生し緊張が走った。

図3-6-1. 日曜劇場「日本沈没―希望のひと―」

扶桑社文庫の表紙

現実とシンクロナイズしているようで、かなり高い視聴率となった。ストーリーは地球科学そのものの現象で、友人の地震学者が監修し評価が高かったのである。

小松の原作はディザスター（災害）小説としてだけでなく、政治や社会や科学など多彩な観点からのさまざまな読み解きが可能な作品である。とりわけ地球科学的には、小説で描かれた地震・噴火の巨大災害が、「大地変動の時代」に突入した日本列島で現実のものとなりつつある。

他にも世界中で喫緊の課題となっている地球温暖化問題が、今回ドラマの設定に活かされている。ドラマのストーリーを追いながら、近未来に起きるシミュレーションとして見てみよう。

ドラマの舞台は二〇二三年の東京から始まる。地震学者の田所《たどころ》博士（出演・香川照之）は地震データを見て「関東沈没説」を訴える。彼は学界で異端児扱いされている優秀な学者であるが、地球物理学の権威である世良《せら》教授（國村隼）と対立している。そして日本列島の至る所で地震が頻発し、人々の動揺が始まる。

これに対して政府の「日本未来推進会議」に参加する環境省の天海啓示《あまみけいし》（小栗旬）と経産省の常盤紘一《ときわこういち》（松山ケンイチ）が、東山総理（仲村トオル）や副総理兼財務大臣の里城弦（石橋蓮司）を巻き込んで未曽有の危機に立ち向かっていく。

「日本沈没」の原因

ここで日本沈没の原因について見てみよう。ドラマでは地球温暖化によって海水面が上昇し、地下の岩盤にかかる力が変化して日本が沈没していく。最初に関東が沈没し、次第に日本列島全体へ波及し、地震と噴火が頻発する。

地球温暖化による海面上昇は、現実に進行していることである。具体的には、全球的な温暖化によって南極などの厚い氷床が解けると海面が上昇する。海水の量が増えて海の面積が広がると、海水の重さで地殻はわずかに沈んでくる。少しでも地球温暖化を防ごうと、世界各国で脱炭素とカーボンニュートラルの政策が進行中なのは周知の通りである。

しかし、海面上昇によって日本が沈没するというプロットは、現実には起こらない。二十一世紀末まで予想されている3メートル程度の海面上昇では、日本沈没を引き起こす力はない。つまり、メカニズムのモデルとしては正しいのであるが、実際に地球で起きている現象の数万倍も大きくしたらそうなるかもしれないというフィクションなのである。

これまで制作された「日本沈没」の映画やドラマも、プロットは同様である。ちなみに、藤岡弘主演の『日本沈没』（一九七三年）では、地球温暖化による海面上昇ではなく、海底の地殻変動が原因とされていた。実は、地球科学者としては、こうしたメカニズムが地球内部で起きていることを知ってもらうだけでも、価値のあることだと考えている。「エデュテインメント」(edutainment)という考え方であるが、娯楽として楽しみながら同時に勉強していただければ良いのである。

さらに地震研究に命を捧げている田所博士を通して、研究者の生き様がよく描かれていると思う。ボス教授との確執などは実際に垣間見ることがあるので、結構リアリティーがあった。こうした点も見どころではないだろうか。

地球科学的にはドラマは細かい点までよくできている。たとえば、海底で起きているスロースリップ地震を調べる「海底地震計」が映っていた。これは実際に使われている観測機器とまったく同じものである。

また田所博士と世良教授が深海に潜って調査するシーンも、まさに潜水調査艇の室内さながらである。このように細部にわたり専門家を唸らせる工夫がしてあるのは、さすが日曜劇場のスタッフだと感心した。

総じて今回のドラマは、これまで制作された作品に勝るとも劣らない優れたエデュテインメントであると思う。むしろ現代の状況に合わせて映像表現が進化しつつあり、『日本沈没』

はついにＳＦの「古典」になったと言っても過言ではなく、感慨深いものがある。

スロースリップの重要性

ドラマでは沈没の引き金となるスロースリップが何回も登場する。現実にも起きている現象なので、ドラマ制作者が地震学をしっかり勉強していることがよくわかる。

我が国はフィリピン海プレートと太平洋プレートという厚い岩板がもぐり込む世界屈指の変動帯にある。西日本の太平洋沖にある南海トラフでは、海のフィリピン海プレートが陸のユーラシアプレートの下に長期間もぐり込み続けている。

２枚あるプレートの境目には、固着している部分とゆっくり滑る部分がある。この固着した領域が急に滑ることで、巨大地震や津波が発生してきた。これは第３－５節でも述べたように、東北から北海道に関わる千島海溝でも同じメカニズムで巨大災害が起こる可能性がある（図３－６－２）。

一方、こうした境目が数日から数年かけてゆっくり滑る現象が時おり起きており、第２－３節で解説したように「スロースリップ」（ゆっくりすべり）と呼ばれている。その間はたまったひずみを少しずつ解放するので、大きな地震は発生しない。

図3-6-2. 近未来の「日本沈没」で想定される巨大地震の震源域

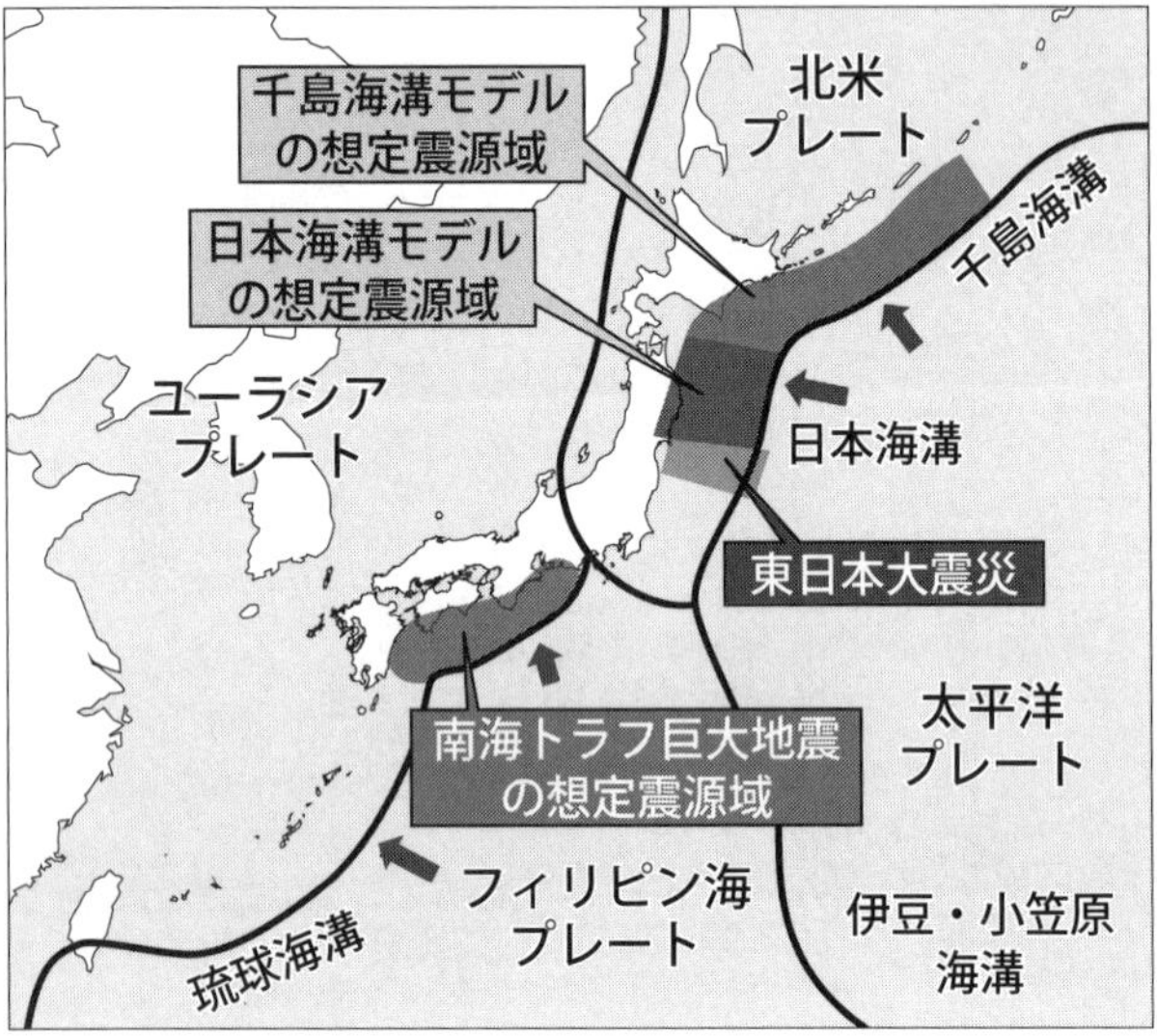

スロースリップは通常の地震計では捉えられないが、地面のかすかな動き（地殻変動）に現れるためGPSで観測されている。二十年ほど前にスロースリップを示す地震波が発見されて以来、世界各地で確認されている。

たとえば、十年前の東日本大震災では、スロースリップが本震の起きる二か月ほど前から発生し、巨大地震の引き金となった可能性がある。また、近年地震が多発する千葉県の東方沖でも、スロースリップが発生した後に比較的大きな地震が起きている。

いま問題になっている西日本沖の南海トラフでも、場所によって5〜8センチメートルの地殻変動がゆっくり起きている。ちなみに、その下ではフィリピン海プレートが北西に向けてもぐり込んでいるが、スロースリップの動きはこれとは反対の方向である。

気象庁は南海トラフの想定震源域で異常な動きを見つけると、専門家を招集して精査する。ここで巨大地震の引き金になると判断されれば、巨大地震の可能性が高まったことを伝える「南海トラフ地震臨時情報」が発表される。

私の友人の地震学者たちも田所博士のように、南海トラフ巨大地震が発生する地点と時期を特定することに全力を挙げている。実際にスロースリップはドラマで描かれたほど起きてはいないので、先ほど述べた通り、日本沈没は起きない。でもスロースリップの新知見が視聴者に伝わったことは、巨大地震に対する市民の減災につながるのでとても良かったと思う。

『日本沈没』を世に出して激甚災害への警鐘を鳴らした小松左京は二〇一一年に亡くなった。現在の状況を見たら何と言っただろうか。

ドラマから何を学ぶか

ドラマでは国家的危機の情報開示をめぐって、田所博士と東大の世良教授が対立した。「関東沈没」をすぐ国民に伝えるべきだとする田所に対して、世良は人心を惑わせるだけだと反対する。世良の背後には経済をまず優先したい副総理の里城が控えており、妙にリアリティーがある。

そうこうしているうちに伊豆半島沖の島の沈没をきっかけとして関東が沈没しはじめるが、事態が急変する前に情報をどう伝えるかは実際にはとても難しいことである。気象庁から発表される「南海トラフ地震臨時情報」もまさに問題となっている。

被害が最も大きいとされる高知県の住人の半数は、前述の通り、このシステムを「知らない」と県の意識調査で答えている。さらに地震に備えて食料を備蓄している人も3分の1に留まっており、危機感を持ってもらうのがいかに難しいかが浮き彫りになった。

これは今の私が抱える悩みでもある。二〇二一年三月に二十四年間教授を務めた京都大学を定年退職した後、同大学レジリエンス実践ユニット特任教授および同大学経営管理大学院客員教授を務めているが、いずれも二〇二一年度から始まった政府の「国土強靭化《きょうじんか》のための5か年加速化対策」（総額15兆円）に呼応するプロジェクトである。ここでは南海トラフ巨大地震・首都直下地震・富士山噴火の減災をターゲットにしているが、残念なことにいまだに全国的には危機感がきわめて希薄なのである。

さらに琉球海溝と千島海溝で起きる可能性のあるM9地震については、予測される災害規模はシミュレーションによって特定できるが、発生時期については本文で述べた通りいずれの地域でも予測できない。

逆に言えば、日本列島周辺のM9地震で予測できるのは、唯一二〇三〇年代に起きる南海トラフ巨大地震だけなのである。よってこれを「虎の子の情報」として十分に活用し、日本が壊滅状態に陥らないようオールジャパン態勢で早急に取り組まなければならない。

自然災害は不意打ちを食らった時に被害が極大化する。もし何も準備せず手をこまねいていれば、甚大な被害が確実に発生する。その現実を何とか変えようと「科学の伝道師」を買って出たのであるが、学者一人の力では如何《いかん》ともしがたいのも事実である。こうした中でドラマ「日本沈没」は、多くの人に危機意識を持ってもらうまたとない契機になったのではないかと思う。

実際、「日本沈没」には社会に対する警鐘が随所に見られ、悲劇を最小限に減らすにはどうしたらよいかを考えさせてくれる。南海トラフ巨大地震では国や自治体からの助けがいつ来るかわからない。であるから現実として「自分の身は自分で守る」しかなくなるだろう。

　確かに日本列島で起きつつある本物の地殻変動は、きわめて地味でわかりにくいものであるが、地球科学的には待ったなしにやって来るのも事実である。地震と噴火は避けることができない。だからこそ起きることを前提に、災害に関する正確な知識を事前に持つことが大切なのである。このドラマをきっかけに、多くの人が近未来のリスクを理解し、生き延びる方策を各自で模索することを願う。

私が本で伝えてきたメッセージ③

私が本で伝えてきたメッセージの３つ目は、「大地変動の時代」に突入した日本列島で中学生や高校生たちにしっかり理解してもらうことを目的に執筆した『地震はなぜ起きる？』（岩波ジュニアスタートブックス）である。

東日本大震災の発生から十三年が経過し、若い世代には当時の記憶をもたない人が増えてきた。東北沖で約一千年に一度というマグニチュード９の巨大地震が発生し、日本列島の地盤を東西へ５メートルほど引き伸ばしてしまった（22ページの図１－１－３を参照）。このストレスを解消しようとして内陸では地震が頻繁に発生している。私が専門とする地球科学では、この「大地変動の時代」は今後数十年は続くだろうと予測している。

本書はこうした状況について、新シリーズ「岩波ジュニアスタートブックス」の創刊ラインアップの一冊として出た。最先端の地震学を誰にもわかるように解説した本で、ターゲットは中学生となっているのだが、私は文系の大学生にも是非読んでもらいたいと思って執筆した。というのは最近、多くの文系学生の科学リテラシーが、悲しいことに中学生レベルだからだ。

それは私が二〇二一年三月まで二十四年間教えた京大生もそうだった。といって理系学生も同様で、小説や歴史にはあまり興味がなく、人文社会リテラシーは中学生レベルなのだ。

つまり、一部の優秀な若者を除いて、多くの京大生は受験を突破する勉強に手一杯で、試験に出ない「教養」まで余力がなかったわけだ。それは若者に留まらずビジネスパーソンや政治家まで、日本全体でそうなっていることを大いに危惧している。

話が逸《そ》れたが、そうした日本人の弱点をカバーするため、とにかく「中学生レベルから知識を身につけてほしい」という思いで、岩波ジュニアスタートブックスは創刊されたという。その位置づけは、今や定番の「岩波ジュニア新書」の前に読んでもらう入門書というコンセプトで、まず中学生が手に取りたくなる一冊にすべく、デザインも工夫されている。

さらに児童書にもつながるジャンルなので、専門用語はできるだけ日常語に置き換えて、徹底的に内容を噛み砕いて記述した。また、できる限り漢字にはルビを振り、巻末にはくわしい索引を用意した。

中学生に限らず、大人でも初めて勉強する時のとっかかりに、子ども向けの本を入門書として選ぶのは非常に正しい読書法である。たとえば、国民的作家として知られる司馬遼太郎は、自然科学系のテーマについて調べる時、児童書から読み始める、とエッセイに記しているくらいだ。

司馬は『竜馬がゆく』『坂の上の雲』『菜の花の沖』という、海が重要な舞台となる小説を執筆するに当たり、まず海や船の原理を知ろうと試みた。その際、少年・少女用の科学書をできるだけたくさん読み込んだという。

児童書は内容を一番良く知る専門家が明快な文章で書いているので、最も効率的な情報ソースになりうる、というわけだ。新しい分野に「入門」するわけだから、格好をつける必要はまったくない。とにかくわかりやすい本から取り組むのが鉄則で、そこに児童書という打って付けのジャンルが用意されているのである。

さて、最近の日本列島で地震や噴火が頻発しているのは、先ほど述べたように東日本大震災から「大地変動の時代」に突入したからだ。本書は「なぜそうなったか」のメカニズムを図入りでくわしく解説し、中学生に限らず大人にとっても実用的な、「賢く生き延びる」ための対処法を具体的に説いた。

実は「大地変動の時代」の異常現象は地震だけではない。日本に111個ある活火山をめぐる状況も一変し、そのうち20個の地下でマグマの活動を示す地震が起き始めた。その中には日本最大の活火山である富士山も含まれており、いつ噴火してもおかしくない「スタンバイ状態」にあることは間違いない。

厄介なことに、南海トラフ巨大地震が富士山の噴火を誘発する可能性もある。前回の三百年前には、南海トラフ巨大地震がマグマだまりを刺激した結果、その四十九日後に江戸市中に厚さ5センチメートルの火山灰を降らせる大噴火が起きた。現代では、地震と噴火の複合災害が、首都圏を含めて日本全体を麻痺させる恐れがある。

近未来に確実に訪れる巨大災害に対処するには、初等中等の教育が一番大切である。

子どもたちと一緒に本を読みながら、大人も最先端の科学知識を身につけて賢く対処してほしい。地震や噴火が起きても事前にしっかり備えをしておけば、被害の８割は減らすことができるからだ。

ところで最近「ほんとうの名著は児童書にアリ」と感想を寄せられた読者の方がいて、私はとても勇気づけられた。二〇二一年九月に筑摩書房から「ちくまQブックス」という中学生向けの読書シリーズが創刊されたが、私も『１００年無敵の勉強法』を上梓《じょうし》した。これまで大学生・大学院生とは二十年以上付き合ってきたので、今度は青少年に向けての情報発信にも注力したい。

ちなみに、私は教え子の京大生たちに、いま読んでいる本が難解だと感じたら、「著者の書き方が悪いからではないかと疑ってよい」と話してきた。拙著『理科系の読書術』（中公新書）のキャッチフレーズは「難しい本は書いた人が悪い！」（24ページ）であるが、読書の苦手な若者たちの敷居を下げたいのである。

でも「難しい本は書いた人が悪い」なんて言ったら、その矢は自分に刺さってくるかもしれない。本当にそうかどうか⁉　本書をご覧いただければ幸いである。

おわりに

現代は科学技術の時代である。電化製品から始まりコンピュータや携帯電話などあらゆる便利な器具に囲まれて暮らしているが、いずれも科学の成果である。一方で、市民がもちうる科学に関する知識と、現代社会を動かしている巨大な科学技術との間の乖離《かいり》は、ますます広がろうとしている。いわば大変に便利ではあるが、得体の知れない「ブラックボックス」を多数抱えて暮らしているというのに等しい。

地震を例にとって考えてみる。一九九五年に起きた阪神・淡路大震災のあと地震への関心が高まった。各家庭に、防災グッズを用意し家具の転倒を防ぐための器具をとりつける人が増えた。これはこれで防災上とても大切なことである。

しかし一方では、地震現象と災害に関する基本的な点について、以前と同様にほとんど理解されていないことも多い。その典型例は、わが家の下に活断層が通っていなければ安心、というものである。

活断層は地震の動きが地表に現れたときに出たものであり、地震の起こりやすい地域かどうかの指標の一つにはなる。しかし、地盤の状況によって、また地震のタイプによって、活断層がなくても非常に大きな揺れを被る地域がある。活断層が近くにないからといって、油断はできないのだ。

また、地震によっては、固有の長い波や短い波が出る。東日本大震災や能登半島地震でも明らかになったことだが、地震波の波長の違いで、建物への揺れの効果がまったく違ってくる。したがって、阪神・淡路大震災のときに大丈夫だった建物、あるいは免震構造を施した建物でも、今後起きる異なるタイプの地震全てに対して大丈夫ということは決してない。

こういう基礎的なことは、難しい数式や物理の概念を使わなくても十分に説明可能で、例えば高校の教科（地学）で学習できる。しかし、大学受験の際の科目削減による影響で、今の高校で地学を履修している学生は数％しかいない。

大学であらためて地球科学を履修しなければ、地震に関する最も基本的な知識をまったくもたずに社会へ出ることになる。実は、日本列島は「動かざること大地のごとし」では決してないのだが、それがまったくと言っていいほど伝わっていない。これでは地震国日本に暮らすには、あまりにも無防備だと言わざるを得ない。

二〇〇〇年の北海道有珠山の噴火では、多くの人がテレビなどのマスコミを通じて、噴火現象を目《ま》の当たりにした。火山災害を防ぐポイントの一つは、専門家から伝えられた噴火現象の説明を市民が理解し、適切な防災行動をとれるかどうかということにある。有珠山では幸い、行政・研究機関・マスコミによる事前の啓蒙活動が効を奏して、被害を最小限に食い止めることに成功した。

緊急時に市民自らが的確な状況判断を行えるかどうかは、前もって必要な科学的知識をもっていたかによる。近年、ネットを通じて噴火のタイプ、経過などに関する情報を、一般の人が容易にかつ迅速に入手できるようになった。これは大変に重要なことで、市民の側で「ブラックボックス」と感じる情報がより少ない方が、安心し納得して行動できるのだ。

東日本大震災以後に全国で頻発する地震災害は、日本の国土が「大地変動の時代」に突入したことを多くの人々に実感させた。こうした身近な経験を契機に、自然災害に対する関心が高まり、我々の生活基盤が確かなものとなることをわたしは強く願う。またこのことが理科離れの解消にもつながると思う。

こうした状況で、科学の専門家は一般市民との間に横たわるリテラシー・ギャップを埋める努力をしなければならない。日本国民全員が必要最低限の科学的知識を持つようにならなければ、「大地変動の時代」を乗り越えることはできないのだ。

一方で、これだけ専門領域が細分化した現在では、すべての領域に強いことはあり得ない。大事な点は、社会にとって重要な決定を非専門家がしなければならなくなったことである。すべてを専門家の判断に任せず、一般市民が決断せざるを得ない状況が、これからはもっと多く出現するだろう。

とくにネットの発達によって、詳細な情報まで一般人がリアルタイムで入手できるようになってきた。これに伴い、容易に得られる膨大な情報をどう解釈したらよいかを迷うことが、次第に多くなってきた。

ネットは非常に便利だが、内容の真偽を判断することがむずかしく、不確かな情報に煽《あお》られる恐れもある。こうした状況にならないため、最低限の確固としたリテラシーを持たなければならない。

今後は未来を担う若い人たちが、自分たちの将来に対して決断を下す場面が一層増えてゆくだろう。その際、社会が複雑化するにつれて増加する「ブラックボックス」は、面倒でも一つずつ中身を明らかにしなければならない。そのために科学者がしなければならないことは、山のようにあると思う。

いま私たちがすべきこと

本書では「南海トラフ巨大地震は今から約十年後に起きる」、「被害規模は東日本大震災より一桁大きい」「総人口の半数6800万人が被災する」という予測を大胆に提示した（123ページなど）。ここまで読んでくださった読者はこの三項目だけでよいので、皆さんの家族・友人・会社・コミュニティの方々へしっかり伝えていただきたい。

もし各人が自分の命を守ることを真剣に考えなければ、本当に命を失う状況となる。本文でも述べたように、今から準備に着手すれば犠牲者の8割、インフラ被害の6割まで減らせると試算されている。「自分の身は自分で守る」はあらゆる防災の基本なのである。

私は京都大学で二十四年間、学生と院生に地球科学を教えてきたが、近い将来に起こりうる激甚災害を一般市民に伝えるアウトリーチ（啓発・教育活動）も同時に行ってきた（鎌田浩毅著『揺れる大地を賢く生きる　京大地球科学教授の最終講義』角川新書を参照）。

そして三年前の定年後は、迫り来る危機に対して、1人でも命を救うための講演活動を全国で行ってきた。この際に痛感していることだが、人への伝え方には工夫も必要である。

地震の発生は物理学で言う「複雑系」に属するので、発生予測に必ず誤差が伴うことから免れない。しかし、国が発信しているように「今後三十年以内に70～80％の確率で起きる」と警告されても、多くの人は理解できず準備できない。

一方、災害の時期と被害規模が明確になると初めて自発的に動ける。「二〇三〇年から四〇年までの間に必ず起きる。パスはない！」と言い換えれば、誰にも身近になり準備する意識が芽生えよう。

「南海トラフ巨大地震」という名称にも再考の余地がある。たとえば、「西日本大震災」と呼べば、東日本大震災と同規模の揺れが襲ってくると想像しやすい。その上で「西日本大震災は東日本大震災より一桁大きな被害が出る」と説明し、全国を巡り講演会で伝えている。

実は、二〇一五年に刊行した『西日本大震災に備えよ』（ＰＨＰ新書）はその意図でタイトルに付けたのだが、やっと最近になって各方面で使われるようになった（１１９ページを参照）。

「大地変動の時代」に入った現在、日本列島では安全地帯はどこにもないと言っても過言ではない。したがって、本書で述べた南海トラフ・北海道・九州で起きるＭ９地震のメカニズムを知り、読者の方々が暮らす地域ではどうやって命を守ればよいのかを真剣に考えていただきたいのである。

加えて、いま何を準備すべきか、どのような組織を構築すべきか、若く有為な人たちに向けて何を教育すべきか、についても考え始めていただきたい。防災の鉄則は常に「災害が起きる前に準備すること」なのである。

なお、地震や噴火に関する最新の予測は、二〇二〇年五月より連載中の『週刊エコノミスト』「鎌田浩毅の役に立つ地学」誌上に発信しているのでぜひ参考にしていただきたい。また、本書では巨大地震の災害予測に注力したため火山噴火の予測まで取り上げる余地がなかったが、これについては改めてくわしく論じたい。

最後になりましたが、PHP新書編集長の西村健さんには『西日本大震災に備えよ』に引き続いて、本書の企画から完成に至るまで大変お世話になりました。心より感謝の気持ちを伝えたいと思います。本書が日本列島で一千年ぶりの「大地変動の時代」を迎え撃つ一助となれば、ほぼ半世紀にわたって地球科学に携わってきた研究者として大変に嬉しく思います。

近未来の日本列島で一人でも多くの人が賢く生きのびるために

鎌田浩毅

［図版作成者や提供者が明示されていない図版は、著者が作成したものです］

【や行・ら行・わ行】

索引は290ページから始まります

【は行】

【た行】

【さ行】

索引

●斜体のページは図版を表す。

PHP新書
PHP INTERFACE
https://www.php.co.jp/

鎌田浩毅［かまた・ひろき］

京都大学名誉教授、京都大学経営管理大学院客員教授、龍谷大学客員教授。1955年生まれ。東京大学理学部地学科卒業。1997年より京都大学大学院人間・環境学研究科教授。理学博士（東京大学）。専門は地球科学・火山学・科学コミュニケーション。ドラマチックで巧みな語り口で行なう講義は多くの学生を惹きつけ、京大人気No.1講義として知られた。YouTube「京都大学最終講義」は108万回以上再生中。
著書に『知っておきたい地球科学』『火山噴火』（以上、岩波新書）、『地球の歴史』（中公新書）、『富士山噴火と南海トラフ』『地学ノススメ』（以上、ブルーバックス）、『西日本大震災に備えよ』（PHP新書）、『新版 一生モノの勉強法』（ちくま文庫、雑学文庫大賞受賞）など。

M《マグニチュード》9地震に備えよ
南海トラフ・九州・北海道
（PHP新書 1407）

二〇二四年八月二十二日 第一版第一刷
二〇二四年九月 十六 日 第一版第三刷

著者――鎌田浩毅
発行者――永田貴之
発行所――株式会社PHP研究所
東京本部――〒135-8137 江東区豊洲5-6-52
ビジネス・教養出版部 ☎03-3520-9615（編集）
普及部 ☎03-3520-9630（販売）
京都本部――〒601-8411 京都市南区西九条北ノ内町11
組版――二橋孝行
装幀者――芦澤泰偉＋明石すみれ
印刷所
製本所――TOPPANクロレ株式会社

ISBN978-4-569-85754-1

ＰＨＰ新書刊行にあたって

「繁栄を通じて平和と幸福を」（PEACE and HAPPINESS through PROSPERITY）の願いのもと、ＰＨＰ研究所が創設されて今年で五十周年を迎えます。その歩みは、日本人が先の戦争を乗り越え、並々ならぬ努力を続けて、今日の繁栄を築き上げてきた軌跡に重なります。

しかし、平和で豊かな生活を手にした現在、多くの日本人は、自分が何のために生きているのか、どのように生きていきたいのかを、見失いつつあるように思われます。そして、その間にも、日本国内や世界のみならず地球規模での大きな変化が日々生起し、解決すべき問題となって私たちのもとに押し寄せてきます。

このような時代に人生の確かな価値を見出し、生きる喜びに満ちあふれた社会を実現するために、いま何が求められているのでしょうか。それは、先達が培ってきた知恵を紡ぎ直すこと、その上で自分たち一人一人がおかれた現実と進むべき未来について丹念に考えていくこと以外にはありません。

その営みは、単なる知識に終わらない深い思索へ、そしてよく生きるための哲学への旅でもあります。弊所が創設五十周年を迎えましたのを機に、ＰＨＰ新書を創刊し、この新たな旅を読者と共に歩んでいきたいと思っています。多くの読者の共感と支援を心よりお願いいたします。

一九九六年十月

ＰＨＰ研究所

PHP新書

1150 いじめを生む教室　荻上チキ
1151 オウム真理教事件とは何だったのか?　一橋文哉
1154 孤独の達人　諸富祥彦
1161 貧困を救えない国 日本　阿部彩／鈴木大介
1164 ユーチューバーが消滅する未来　岡田斗司夫
1183 本当に頭のいい子を育てる 世界標準の勉強法　茂木健一郎
1190 なぜ共働きも専業もしんどいのか　中野円佳
1201 未完の資本主義　ポール・クルーグマンほか[著]／大野和基[インタビュー・編]
1202 トイレは世界を救う　ジャック・シム[著]／近藤奈香[訳]
1219 本屋を守れ　藤原正彦
1223 教師崩壊　妹尾昌俊
1229 大分断　エマニュエル・トッド[著]／大野 舞[訳]
1231 未来を見る力　河合雅司
1233 男性の育休　小室淑恵／天野 妙
1234 AIの壁　養老孟司
1239 社会保障と財政の危機　鈴木 亘
1242 食料危機　井出留美
1247 日本の盲点　開沼 博
1249 働かないおじさんが御社をダメにする　白河桃子
1252 データ立国論　宮田裕章
1262 教師と学校の失敗学　妹尾昌俊
1263 同調圧力の正体　太田 肇
1264 子どもの発達格差　森口佑介
1271 自由の奪還　アンデシュ・ハンセンほか[著]／大野和基[インタビュー・編]
1277 転形期の世界　Voice編集部[編]
1280 東アジアが変える未来　Voice編集部[編]
1281 5000日後の世界　ケヴィン・ケリー[著]／大野和基[インタビュー・編]／服部桂[訳]
1286 人類が進化する未来　ジェニファー・ダウドナほか[著]／大野和基[インタビュー・編]
1290 近代の終わり　ブライアン・レヴィンほか[著]／大野和基[インタビュー・編]
1291 日本のふしぎな夫婦同姓　中井治郎
1298 子どもが心配　養老孟司
1303 ウイルス学者の責任　宮沢孝幸
1307 過剰可視化社会　與那覇潤
1315 男が心配　奥田祥子
1321 奇跡の社会科学　中野剛志
1326 ネイチャー資本主義　夫馬賢治
1328 「立方体が描けない子」の学力を伸ばす　宮口幸治
1331 何もしないほうが得な日本　太田 肇